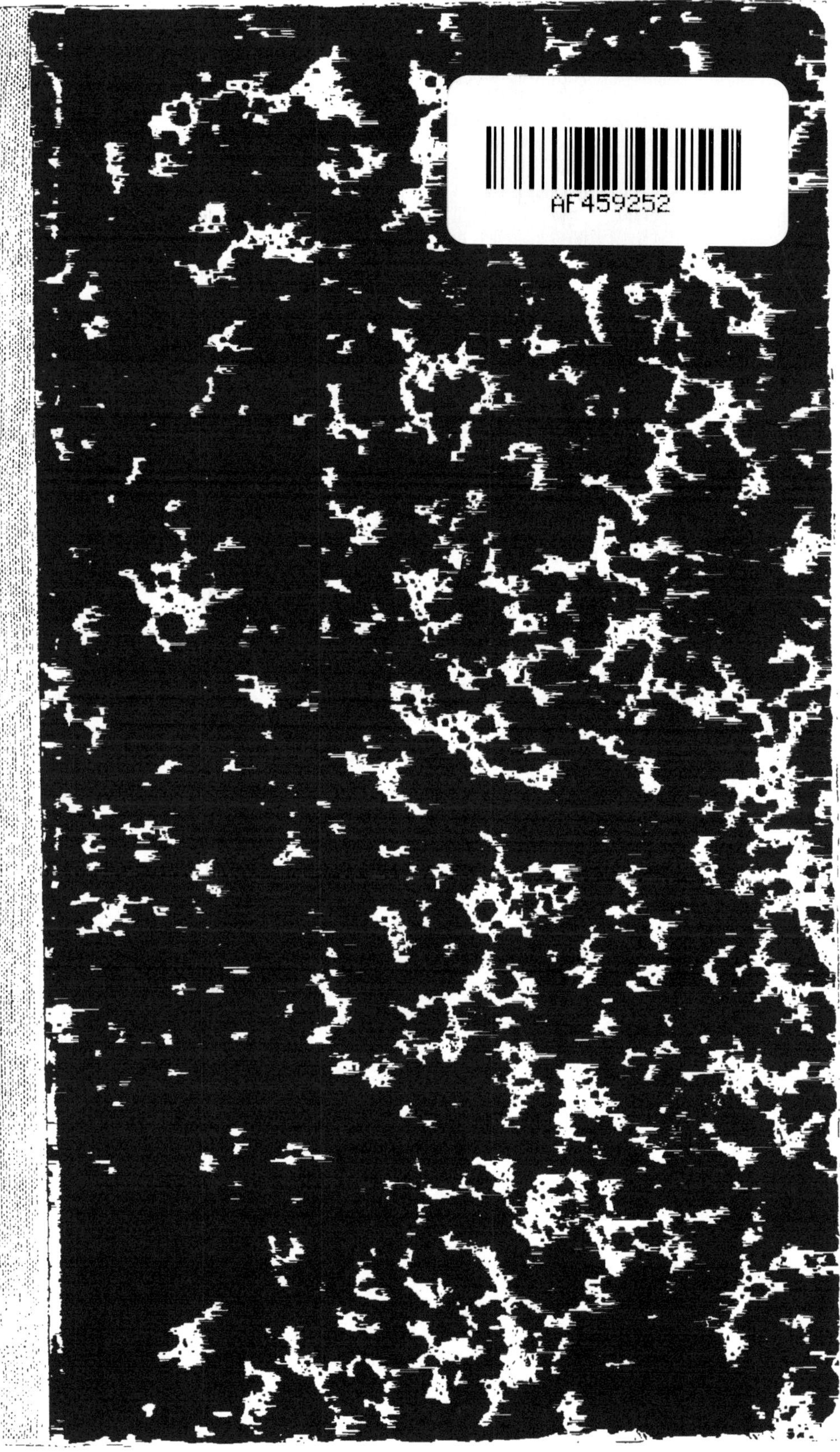
AF459252

LES DANGERS

DU

MAGNÉTISME ANIMAL,

ET L'IMPORTANCE

D'EN ARRÊTER LA PROPAGATION VULGAIRE.

PAR A. LOMBARD AÎNÉ.

« Plus je réfléchis au peu de perfection où nous en sommes, plus je demeure convaincu que les grands succès en Magnétisme ne s'obtiendront que dans le silence et dans le mystère le plus grand. »

Correspond. de M. de Puységur, du Magnét. anim., p. 295, *dans sa lettre à M. Servan. Edit.* 1807.

A PARIS,

CHEZ { DENTU, Libraire, Palais-Royal, Galeries de bois; Ant. BAILLEUL, Imprimeur-Libraire, rue Sainte-Anne, n°. 71.

1819.

IMPRIMERIE D'ANT. BAILLEUL,
RUE SAINTE-ANNE, N°. 71.

PRÉFACE.

Des hommes aussi recommandables par leurs lumières que par leurs vertus, et parmi lesquels se distinguent, en France, M. de Puységur et M. Deleuze, ont entrepris de réhabiliter le Magnétisme animal presque oublié, et de le faire sortir victorieux d'une lutte où ses premiers défenseurs paraissaient avoir succombé. Ne consultant que leur amour pour la vérité et leur bienfaisance, ils s'imposèrent le devoir d'affronter le ridicule qui les attendait, et crurent qu'instruits par leurs devanciers des écueils qu'il fallait éviter, ils navigueraient plus heureusement, et qu'ils pourraient gagner à l'objet de leur culte les savans auxquels ils s'adressaient, et qui trouvaient en eux des garanties pour l'exactitude dans les observations, et pour la véracité dans les faits rapportés.

Cette croyance était admissible. En effet, comment un homme, qui a su mériter par une conduite sage et honorable, et par des ouvrages scientifiques, une renommée et une position distinguées, se déterminerait-il à relever une découverte proscrite, difficile à défendre par sa nature, et qui voit se grouper autour d'elle mille préventions puissantes, si une conviction intime, si des sentimens généreux ne lui commandaient de fermer les yeux sur les suites personnelles d'une pareille démarche ? Il n'y a que la conscience du vrai et du bien qui puisse nous porter à l'oubli de nous-mêmes. Ainsi, les hommes que je viens de signaler conçurent quelque espoir du succès, et le pouvaient; car si le projet qu'ils avaient formé était de nature à se réaliser, ils en auraient eu la gloire.

Aussi, alors même qu'ils engageaient les savans et les médecins à suspendre leur jugement et à revenir à l'observation, ils semblaient se défier de la réussite de leur tentative : du moins, on croit s'en apercevoir dans leurs écrits. Pour persuader leurs lecteurs de l'existence et des effets de l'agent qu'ils annoncent, ils en dissimulent à dessein les plus étonnans phénomènes; ils prennent toutes les précautions imaginables pour ménager les opinions qu'il ébranle, pour flatter l'amour-propre, pour détruire les préventions de ceux à qui ils souhaiteraient de remettre cette découverte, et le soin de la faire fructifier. En affichant un trop vif désir de convaincre, on fait naître la défiance qu'on redoute;

et c'est ce qui est arrivé aux partisans du Magnétisme.

Cependant, si ces auteurs, respectables dans leurs intentions, ne réussirent pas auprès de ceux à qui ils s'adressaient, leur travail ne fut pas sans résultat. La candeur, la bonne foi, la modération, le vif désir de répandre l'usage d'une découverte étonnante, et qui serait fructueuse, si elle était employée d'une manière convenable, caractérisent leurs ouvrages. Ils persuadèrent, ils électrisèrent des hommes doués de quelques connaissances, et assez heureux pour produire des effets dignes d'admiration. Leur tête s'exhalta: ne voyant dans le Magnétisme que ce que leur cœur honnête et sensible leur montrait, ils s'indignèrent des entraves que les savans mettent à son usage, résolurent d'en devenir les propagateurs, et engagèrent tout le monde indistinctement à l'employer. Ce débordement de magnétiseurs et de magnétisés, qui se répand dans les classes inférieures de la société, épouvante tout homme qui, par des méditations silencieuses, a pu découvrir la nature de l'agent ainsi profané, et voit les résultats imminens de cette profanation. Elle s'accroît surtout depuis que les annales magnétiques, dévouées à cette espèce de prosélytisme, en réunissant un grand nombre de témoignages et de cures étonnantes, ont démontré la puissance magnétique de l'homme, et enseigné les moyens de la provoquer.

Bien des gens éclairés voudraient opposer une digue à ce torrent, en signalant les ravages qu'il causera, si on ne l'arrête et ne lui ouvre un chemin salutaire. Mais cette tâche est difficile; car, pour convaincre les magnétiseurs des dangers qu'ils ne voient point, il faudrait divulguer des choses qui aggraveraient le mal, les instructions orales et confidentielles étant impossibles.

Cependant il faut les avertir pour qu'ils se tiennent sur leur garde; si leurs intentions sont aussi pures que je les suppose, ils ne dédaigneront pas de réfléchir sur des observations que je publie en partie pour eux; et peut-être qu'ils s'enfonceront dans les routes que je ne ferai qu'indiquer. Pour les autres lecteurs, quelle que soit leur opinion, elle sera toujours conforme à mes vœux; mon but à leur égard est négatif. Si la lecture de cet ouvrage leur imprimait une autre direction, je suis certain qu'elle entrerait encore dans mon plan.

LES DANGERS
DU
MAGNÉTISME ANIMAL.

CHAPITRE PREMIER.

Sur les raisons qui empêcheront toujours les Corps savans d'admettre le Magnétisme.

QUAND on veut propager l'usage d'une découverte, on doit d'abord en approfondir la nature, afin de ne pas prendre de fausses routes; car ceux qui connaissent bien une chose, savent quels moyens il faut employer, à quels hommes il faut la soumettre, pour la faire apprécier et bien accueillir. C'est cette connaissance qui manque aux magnétiseurs. Aussi les voit-on s'opiniâtrer à croire que les corps savans et la Faculté peuvent et doivent revêtir le magnétisme de leur sanction, pour en assurer le triomphe, et en rendre l'usage fructueux et général. Plus riches que Mesmer, et découvrant dans sa conduite et ses procédés des torts et des erreurs qui purent irriter les passions, et répandre de la défaveur sur sa découverte, ils s'imaginent qu'il suffirait de reviser les pièces du procès de 1784, et d'y joindre les nouvelles connaissances qu'ils ont acquises, pour que le rapport des commissaires fût révoqué, et que la vérité reçût une réparation complète.

C'est une erreur que leur conviction personnelle protége. Les corps savans ne peuvent admettre l'existence du magnétisme et ses effets curatifs, en tant qu'ils ne s'occupent que de sciences positives. Quiconque étudie les sciences exactes et naturelles, et se renferme dans leur sphère, n'est pas ici juge compétent. Cette vérité, bien sentie, détournerait les magnétiseurs de la route qu'ils ont suivie jusqu'à ce jour, et les engagerait à cultiver en silence une découverte encore au berceau, et à faire naître les circonstances propices à son emploi. Il ne serait donc pas hors de propos de leur ouvrir les yeux à cet égard, et c'est ce que je vais tenter.

Les savans de nos jours prennent l'expérience pour flambeau dans l'étude de la nature. Pour se garantir des erreurs du jugement et des écarts de l'imagination, ils n'admettent pour base des sciences que des faits attestés par les sens, indépendans de la volonté quant à leur nature, et invariablement reproduits dans les mêmes circonstances. S'agit-il de constater l'existence d'un nouvel agent? Fidèles à leur méthode, ils demandent des faits revêtus des titres désignés; il faut leur en fournir, c'est une condition indispensable. Si, par des observations soigneuses, ils reconnaissent dans ces faits des caractères qui ne peuvent dépendre d'aucune cause connue, ils présument la présence et l'action d'un nouvel agent. Méditant ensuite sur les conditions sensibles qui accompagnent la manifestation de cet agent par ses effets, ils tâchent d'en découvrir les lois : s'ils y parviennent, la série des phénomènes s'étend ; on désigne le principe insaisissable par un nom convenable, et l'on en recueille tous les avantages possibles.

Je n'examinerai pas le mérite de cette méthode ; elle paraît sage, rigoureuse ; elle domine enfin. Mais le magnétisme animal, présenté aux corps savans, qui regardent cette méthode comme un critérium infaillible, peut-il en recevoir l'application ? Je soutiens que non.

Quand Mesmer et ses premiers disciples engagèrent les corps savans à constater l'existence du magnétisme animal, ils l'avaient environné de certains appareils qui tendaient à établir quelque analogie entre la cause de ses effets et celle de ceux de l'électricité et de l'aimant. Les commissaires, en déclarant que ce rapprochement était illusoire, témoignèrent qu'ils avaient observé juste à cet égard, puisque, depuis lors, le magnétiseur, sans autre secours que lui-même, prétend produire les mêmes phénomènes, et de plus étonnans encore. Mais quels sont les moyens dont il fait usage pour les obtenir ? De mouvemens mécaniques, insignifians par eux-mêmes, mais qui, devenant efficaces par la volonté de faire du bien, servent de véhicule pour diriger sur un malade l'action d'un fluide salutaire, trop subtil pour tomber sous les sens, mais qui atteste sa présence par des phénomènes ostensibles.

D'abord, les examinateurs d'un corps savant, qui ne doivent rien admettre que de positif et de sensible, proscriront la moralité de la volonté. Ils diront que, pour fournir des preuves de l'existence des fluides électrique, galvanique ou magnétique minéral, on n'exige rien de semblable. S'il y a véritablement un fluide dont les mouvemens de l'homme dirigent l'action, ses effets doivent dépendre de ses propriétés naturelles, et non des intentions de la volonté. Cela est évident.

Il ne reste donc que les phénomènes qui puissent démontrer l'efficacité des procédés du magnétiseur, et l'existence du fluide auquel on les attribue. Mais tout agent physique, opérant par ses propriétés inhérentes, doit, dans les mêmes circonstances, produire invariablement les mêmes effets. Ces effets pourront bien ne pas être semblables; mais ce qui les distinguera, appartiendra à la nature des objets soumis à l'action de l'agent. C'est ainsi que le feu durcit l'argile et fond les métaux. Les magnétiseurs promettront-ils de remplir cette condition essentielle aux principes de toute science positive? Ils ne le peuvent pas. De plusieurs personnes affligées de la même maladie, l'une manifestera les phénomènes magnétiques, tandis que les autres n'éprouveront rien. D'où cela vient-il? Le fluide n'est-il pas toujours là, n'est-il pas toujours le même? Quand on prétendrait que les circonstances ne sont pas rigoureusement identiques, on ne gagnerait pas beaucoup à cela; car les différences organiques ou accidentelles ne devraient pas détruire les effets, mais les modifier, et voilà tout.

Toutes les distinctions qu'on ferait pour se défendre contre ce raisonnement, échoueraient devant des commissaires d'un corps savant, qui ne peuvent pas sortir de la sphère des connaissances positives. Le fluide électrique, diraient-ils, fait éprouver des commotions à toute personne qui n'est pas isolée, soit qu'elle se porte bien, ou qu'elle soit malade, et manifeste sa présence par des aigrettes, des étincelles, etc. Le galvanisme, le magnétisme minéral ont aussi des effets sensibles, invariables: pourquoi le fluide dont vous soutenez l'existence, ne présenterait-il pas les mêmes caractères? Et quand ils admettraient la comparaison, peu juste, dont on se sert pour faire comprendre comment il ne peut y avoir que les malades qui ressentent les effets du fluide magnétique animal, ils demanderaient toujours pourquoi tout malade n'est pas dans le même cas.

Avec de l'esprit, on découvrira des raisons spécieuses : il y en a même de vraies; mais celles-là démontreraient l'impossibilité de ranger le magnétisme dans le domaine des sciences purement physiques. M. Deleuze, qui paraît soutenir le contraire, se sert d'un petit apologue fort ingénieux pour répondre à l'objection pressante des physiciens. Il suppose qu'un de ces hommes qui appliquent les principes de la physique à des amusemens de société, soit arrivé en Europe lors de la nouveauté des belles expériences de Franklin sur l'électricité. Personne, dans le pays où notre physicien s'établit, ne les connaît encore, et lui-même ignore la propriété des pointes. Le bruit des merveilles qu'il opère, engage une société savante à envoyer des examinateurs. Ils sont admis à une séance; mais, par malheur, l'un d'eux place par hasard près du conducteur un instrument de fer pointu, et tous les phénomènes manquent. Quel sera le rapport des commissaires? Combien faudra-t-il de temps pour détruire les préventions défavorables que le rapport aura fait naître? Bien peu, je pense. Le physicien n'avait que quelques circonstances semblables à craindre. Il suffisait, pour lui et pour les autres, de s'apercevoir de ce qui avait fait manquer ses expériences, et sa mésaventure établissait une règle constante et générale. Mais en est-il de même à l'égard du magnétiseur? Lui-même, et le sujet sur lequel il opère, sont, sous un point de vue, des machines fort mobiles, dont il ne saurait reconnaître les dispositions actuelles qui peuvent faciliter ou contrarier le succès. Quand il ne réussit pas, où doit-il en chercher les causes? Pourrait-il les désigner autrement que par des termes vagues, qui détruisent tout espoir de profiter de l'expérience du passé?

Les magnétiseurs ne pouvant donc savoir *à priori* quand un sujet présenté est ou n'est pas susceptible de manifester les phénomènes magnétiques, se verront forcés de faire plusieurs tentatives peut-être infructueuses, ou d'engager les commissaires à observer ceux de leurs malades qui fournissent sous leurs mains des preuves ostensibles du magnétisme. Dans le premier cas, l'objection sort victorieuse; le second la laisse subsister, et fait naître la méfiance: car on fait entrer ici des considérations morales entièrement étrangères à l'examen. Vous répondrez que les faits dissiperont ces nuages. Cela n'est pas trop sûr; car quels sont ceux que vous choisirez?

Les phénomènes qui attestent l'action présente de votre agent sur les malades, se réduisent, pour les spectateurs, à peu ou à beaucoup trop. D'un côté, c'est un engourdissement qui produit quelquefois un sommeil paisible ou des crises nerveuses; de l'autre, ce sont les scènes variées du somnambulisme. Quant à l'engourdissement du magnétisé, il ne signifie rien; c'est une preuve de sentiment qui lui est personnelle, et dont nous pouvons ne pas admettre la réalité comme le résultat de l'action d'un fluide. Le sommeil qui peut s'ensuivre ne prouve rien non plus: cet état est si familier! Les circonstances qui l'environnent suffiraient pour l'expliquer. Un malade s'assied et se recueille dans le silence et l'immobilité; on fait devant lui des mouvemens monotones et ennuyeux; il ferme les yeux pour ne les point voir, et s'endort. Le silence, l'ennui, une lassitude résultant de sa faiblesse organique, ou même de l'attention qu'il prête à ses sensations les plus vagues et les plus fugitives, ne semblent-ils pas avoir produit ce sommeil? A-t-on besoin de recourir à l'action d'un fluide curatif?

Mais ordinairement d'autres phénomènes viennent se joindre à celui-là, comme des crises nerveuses, des symptômes de catalepsie, de mobilité magnétique. Cela est un peu plus concluant. On conviendra enfin que, dans certains cas, les magnétiseurs produisent de certains effets. Mais ces effets sont-ils salutaires? Les apparences sont loin de conduire à l'affirmative. Les médecins conviennent tous, il est vrai, que des crises naturelles, très-effrayantes, rétablissent quelquefois l'équilibre dans le système organique; cependant ils se garderaient bien de les provoquer, parce qu'ils savent aussi qu'elles sont souvent funestes.

En supposant donc que des commissaires voulussent se reposer sur la bonne foi du crisiaque, et faire fléchir les principes de la méthode expérimentale, quand ils reconnaîtraient, dis-je, dans ces crises, l'action d'un fluide particulier, en pourraient-ils adopter la vertu curative? La guérison, si elle n'était pas chanceuse ou trop lente, ou enfin si l'on ne pouvait l'attribuer à la nature toute seule, déciderait la question. Mais ne sent-on pas qu'il faudrait que tous les malades magnétisés qui éprouvent des crises, guérissent, pour que des hommes froids, plus surpris qu'éclairés, revêtissent de leur assentiment, et encourageassent ainsi les malades à employer un agent inconnu, dont l'existence ne se manifeste à eux que sous un aspect si étrange?

Mais, dira-t-on, si l'on parvient une fois à les persuader, par des faits, de l'existence et de l'action du fluide magnétique, les phénomènes du somnambulisme achèveront de convaincre de sa vertu.

Pour leur démontrer la vertu curative d'un fluide dont leurs principes repoussent encore l'existence, vous voulez leur offrir des prodiges intellectuels, dont il serait le provocateur ou la cause! Ce serait accumuler les difficultés. Plus ce qu'on leur promet sort des bornes ordinaires, plus ils craindront de se laisser séduire par la supercherie ou par les prestiges de l'imagination, plus ils sentiront le besoin de se renfermer dans le principe fondamental de leur école. Leur éternel refrain sera toujours : un agent physique doit constamment produire les mêmes effets; pourquoi votre fluide s'affranchirait-il de la commune loi? Je ne vois rien à répondre à cela.

Si vos somnambules ne jouissent que d'une clairvoyance vacillante, la plus petite des erreurs qui accompagnent cet état, fera rejeter le reste comme insignifiant, imaginaire, fortuit; s'ils s'élèvent à une lucidité rare et sûre, les instigations de l'esprit de système réveilleront les passions, en leur donnant l'alarme; et quand la vérité triompherait, elle n'opérerait qu'une conviction personnelle, que les commissaires ne pourraient faire partager à leur corps. Pourquoi donc cela, direz-vous ? Parce que les effets qui l'auraient produite, ne sauraient, aux yeux d'un homme judicieux, dépendre de la puissance d'un fluide quelconque : il suffit de les exposer pour le sentir. Dans un haut degré de lucidité, un homme vulgaire voit parfaitement son intérieur et celui des malades qui le consultent; il sait assigner les causes et le siége des maladies, prescrire les médicamens qu'il faut employer, en indiquant leurs propriétés individuelles et combinées, prévoir et annoncer d'une manière précise les phases de la maladie, les révolutions et les crises; son intelligence s'exalte; pour sa vue nouvelle, les distances disparaissent, l'opacité de la matière s'évanouit. . . . Qu'est-il besoin de poursuivre ? En voilà plus qu'il n'en faut pour faire regarder comme un visionnaire l'académicien qui voudrait persuader ses collègues de quelques-uns de ces faits, même des plus simples. Mais ne mériterait-il pas le ridicule, si, cherchant à légitimer sa conviction personnelle, il voulait leur soutenir que ces faits ont pour cause un agent physique, et qu'en conséquence ils entrent dans le domaine de leurs attributions ? Il faudrait qu'il eût oublié la force victorieuse du principe de la méthode expérimentale, et qu'il ignorât cet axiôme : Tout effet a sa cause efficiente; et cela n'est pas croyable.

Il y a long-temps que les matérialistes se seraient empressés de constater les effets du somnambulisme, si, en supposant qu'ils fussent réels, il leur eût été possible de les expliquer par les propriétés et l'action d'un fluide que l'organisation aurait modifié, leur procès serait gagné sans appel. Helvétius, voulant fournir des preuves qui autorisassent à regarder l'intelligence comme un produit de la matière élaborée par l'organisme, rapportait l'exemple du vin, qui donne de l'esprit aux buveurs (1). On laissa passer cette ineptie avec tant d'autres. Mais ceux qui virent une faible lueur de vérité dans cette assertion, n'en découvriraient-ils pas la preuve invincible dans les effets du fluide magnétique ? Il est vrai qu'il s'agit ici de bien autre chose que de quelques saillies, de quelques reparties fines et délicates, qui font oublier mille sottises : c'est un paysan ignare, doué d'un gros bon sens, qui surpasse en science, pour lui et pour ceux qui le consultent, un Galien, un Boërhaave, voire peut-être un Hippocrate. Mais tout cela s'expliquerait par la ténuité des molécules intégrantes.

Je suis loin de prétendre que les magnétiseurs professent les principes qui découleraient de la conviction systématique, que les phénomènes du somnambulisme appartiennent aux propriétés d'un fluide ; ce serait les calomnier. On voit tant d'hommes qui, par irréflexion, ou se laissant entraîner par le torrent, adoptent des opinions philosophiques qui renversent leur croyance religieuse ! Mais pour qu'ils reviennent à la vérité, il suffit de les

(1) Système de la Nature, Ch. V.

éclairer. Les magnétiseurs sont de ce nombre. Leur égarement part d'un sentiment respectable. Le désir d'obtenir les suffrages des savans, pour faciliter la propagation d'une découverte dont ils croient l'usage précieux, les a aveuglés. Voyant la pente de notre siècle à traiter de chimère tout ce qui n'est pas purement physique, et craignant les écueils funestes du systême opposé, ils firent tous leurs efforts pour revêtir le magnétisme du costume à la mode, et pour l'introduire, ainsi travesti, à la cour de la science moderne. Mais l'artifice était trop sensible, personne ne s'y laissa prendre : on perçait aisément le voile qui couvrait la vérité, et on ne voulut ni entendre ni voir.

Et quand les savans s'y seraient déterminés, croit-on que le somnambulisme, en déployant à leurs yeux ses étonnans phénomènes, aurait pu triompher des désavantages de la fausse position qu'on lui faisait prendre et des préventions de l'esprit de systême? Pour qu'il se fasse recevoir, il faut qu'on le produise soi-même; hors de là, les chances sont toutes contre lui auprès des hommes qui adoptent la méthode expérimentale. Qu'on se rappelle les efforts infructueux de M. de Puységur et de tant d'autres qui suivent sa bannière, et l'on pourra prononcer. Les savans, les médecins qu'ils avaient admis à des séances d'un très-vif intérêt, et qui fournissaient des preuves convaincantes, regardèrent tout cela comme un spectacle singulier, fantastique, et se retirèrent le plus souvent sans éprouver la curiosité de vérifier les annonces du somnambule, s'apitoyant peut-être sur les égaremens de l'esprit humain, et plus convaincus que jamais de la rectitude d'une méthode hors de laquelle ils ne voient plus de salut.

Un célèbre anatomiste, à qui des personnes parlaient du magnétisme, répondit ingénument : Si cela était vrai, mon systême serait faux. En supposant qu'il crût cette conclusion juste, quand on le forcerait à voir, chercherait-il à reconnaître la vérité? Que des soins bien différens captiveraient son attention! Et certes, cela ne serait pas en vain. La plupart de nos philosophes, sans avoir autant de sincérité, se comporteraient comme notre anatomiste. L'orgueil et la routine les maîtrisent comme les autres hommes, et ils sont plus portés qu'on ne pense à l'intolérance et à ses excès. C'est chez eux que l'on voit pratiquer la loi fondamentale de l'académie des femmes savantes. Parce que les sciences exactes s'élevèrent à une hauteur remarquable, depuis que ceux qui les cultivent n'ont plus à craindre les persécutions dont le fanatisme se servit pour étouffer les lumières naissantes, on veut persuader qu'il n'y a de vrai et d'utile qu'elles, et qu'il faut reléguer la métaphysique dans le pays des chimères et de la superstition. Tout ce qui tendrait à faire prendre un nouvel essor à cette dernière branche du savoir humain, est d'un funeste présage. Les phénomènes du somnambulisme, une fois constatés, fourniraient des preuves de la dépendance du physique à l'égard de l'intelligence, et réveilleraient une doctrine dont l'empire ferait déchoir la physique du rang suprême qu'elle a usurpé : ils sont donc faux et dangereux. Les prêtres raisonnaient ainsi contre Galilée et ses partisans. Jusqu'à quand méconnaîtra-t-on la dignité de l'homme ? Des hommes qui honorent l'humanité par leurs lumières, repoussent la vérité de certains phénomènes, par cela seul qu'ils les conduiraient à se convaincre davantage de leur immortelle origine ! Ainsi le veut le philosophisme; et tant qu'il régnera, ses caprices seront des lois, et les magnétiseurs des visionnaires.

En vain M. Deleuze et plusieurs membres de sa société tentèrent de vaincre cet éloignement systématique, en prétendant que les phénomènes du magnétisme ne s'écartaient pas des lois de la nature physique, et se rattachaient à la physiologie. Quoique cela soit vrai sous plusieurs rapports, le somnambulisme demeure impassible à ces assertions dénuées de preuves. Ces Messieurs l'ignoreraient-ils ? Je ne le crois pas. Ce ne put être, de leur part, qu'une manœuvre pour contraindre l'ennemi à sortir de ses retranchemens; mais elle fut sans effet. S'ils récusent mon interprétation, qu'ils me disent comment ils expliquent physiquement les phénomènes du somnambulisme. Ou ils admettent un fluide, ou ils le nient. S'ils le nient, qu'ils désignent la cause physique ou physiologique qui le remplace.

Veulent-ils s'envelopper de l'obscurité des opérations secrètes de la physiologie? Cette science, il est vrai, prête beaucoup aux hypothèses. Les savans qui la cultivent, savent s'en prévaloir pour la charger de résoudre des problêmes qui lui sont étrangers, et hérissent son langage de termes en *ité* qui les séduisent eux-mêmes. De nos jours, on forge des systêmes qui attribuent à cette science le droit de découvrir dans nos organes et dans leur action et réaction avec les fluides, la sensibilité et la vie. Mais ces deux notions simples échappent à tous les efforts humains; elles ne peuvent devenir le sujet d'une analyse quelconque, et ne sauraient se distinguer de l'intelligence qui les conçoit d'une manière intuitive et indivise, sans qu'elles s'évanouissent avec elle. Il restait donc, pour compléter ce systême, à fournir une série d'effets qui fît concevoir les facultés de l'intelligence comme un résultat de l'organisation : le somnambulisme serait chargé de ce soin. Les phénomènes une fois admis, on désignerait par une *ité* bénévole des propriétés intellectuelles qui auraient leur siége dans le cerveau, et qui, en se réunissant, en se centralisant par l'effort que les magnétiseurs imprimeraient à tout le systême organique, feraient éclore les facultés les plus exaltées de l'intelligence. Ces propriétés intellectuelles dominant sur les propriétés vitales, qui ont leur siége dans les viscères et les solides, et celles-ci sur les propriétés sensibles qui résideraient plus particulièrement dans le systême nerveux, composeraient la hiérarchie organique. Les premières connaîtraient de droit les forces de leurs inférieures, et s'en serviraient, en les combinant entr'elles, ou en les opposant les unes aux autres, pour rétablir la santé. Tout cela serait admirable; mais en serait-on plus savant? La sensibilité, la vie, l'intelligence n'en seraient pas moins insaisissables, et l'obscurité serait plus profonde encore, quand on chercherait à concevoir les phénomènes qui auraient fourni le complément de ce systême matériel : car l'on demanderait comment un magnétiseur, qui ne voit point l'intérieur de son corps, ni le jeu merveilleux et presque inconnu de ses parties, qui ne saurait réunir pour lui-même ses propriétés intellectuelles éparses dans les replis de son cerveau, a produit ces effets étonnans chez un malade? Tout effet a une cause efficiente. Où est-elle ici? Est-ce un fluide, est-ce la volonté? Vous n'avez qu'à choisir. Si vous admettez la volonté, dites-moi ce que vous entendez par ce mot, et nous verrons.

Jusqu'ici, ceux qui en ont parlé d'une manière intelligible, paraissent la regarder comme un miroir qui réfléchit toutes les facultés intellectuelles. Pour vouloir, il faut connaître les choses qu'on veut, et la connaissance suppose l'exercice de toutes nos facultés : attention, réflexion, comparaison, jugement, etc., n'importe l'ordre que vous leur donniez. Or, pour vouloir réunir les propriétés intellectuelles éparses dans le cerveau de votre semblable, il faut les connaître, et avoir la force de les rassembler. Dites-moi leurs formes, leurs couleurs, et surtout quelle est cette force qui les enchaîne et en produit un moi indivisible, capable de les juger et de les embrasser toutes. Si vous dites que c'est la volonté elle-même, comment peut-elle produire en autrui ce qu'elle n'effectuerait pas dans l'individu d'où elle part? D'ailleurs, ce système s'écroule, parce que la volonté est indivisible, et que la matière a pour caractère essentiel la dualité.

Voulez-vous revenir à votre fluide, comme au dernier refuge tenable ? C'est l'exemple d'Helvétius, sous une autre forme. Les effets d'un fluide, sous le rapport de la mobilité de ses molécules, n'intéressent pas la question présente; les propriétés inhérentes à ces molécules doivent seules nous occuper. On peut imaginer deux hypothèses possibles. Ou les propriétés intellectuelles qui siégent dans le cerveau diffèrent de celles du fluide, ou elles leur sont homogènes. Dans le dernier cas, les phénomènes du somnambulisme resteront sans cause : cent verres d'eau tiède ne feront pas de l'eau chaude. Or, d'où viendrait la supériorité de l'intelligence du somnambule, en le comparant à lui-même dans son état de veille, et ces facultés singulières qui se manifestent quelquefois dans ce nouveau mode d'être?

Dans la première hypothèse, pour rendre la solution de ce problême possible, il faudrait supposer que les molécules du fluide possèdent, outre les propriétés intellectuelles du cerveau, celles de les connaître, de les centraliser et de leur en adjoindre qui leur seraient propres. Mais d'où leur viendrait cette suprématie ? L'organisation qui modifie le fluide universel ne pourrait la leur fournir. Le système nerveux n'obtient que les propriétés sensibles ; les viscères et les solides, que les vitales; le cerveau, que les intellectuelles. Le fluide aurait donc des propriétés étrangères à l'organisme général, et, par conséquent, indépendantes du domaine de la physiologie. Si ce raisonnement est rigoureux et vrai, en voici les conséquences : chaque molécule du fluide serait une intelligence aussi exaltée que le somnambule même ; et pour refuser d'admettre que notre ame, durant sa vie corporelle, doit à elle-même les facultés admirables qu'elle manifeste dans le somnambulisme, il faut les donner aux molécules d'un fluide si capricieux, qu'on peut contester jusqu'à son existence physique.

D'après ces réflexions, les magnétiseurs diront peut-être qu'ils n'ont pas dit que le fluide produisît les facultés étonnantes que l'homme développe en somnambulisme, mais que ses propriétés et son action sur l'organisme secondent l'ame à s'affranchir d'une partie de ses entraves habituelles, et à entrer dans un mode d'être plus avantageux à la manifestation de ses facultés secrètes. Cela serait plus raisonnable; mais c'est là justement, comme je l'ai dit, le point litigieux. La plupart de nos savans voudraient réduire l'homme à la condition d'une machine ; ils se travaillent pour découvrir comment l'organisation pourrait sécréter la sensibilité, la vie, l'intelligence et ses facultés connues, et déjà ils comptent tenir le fil. Les phénomènes du somnambulisme viendraient tout renverser. On découvre une proportion harmonique entre l'énergie de nos facultés et le développement des organes qui y correspondent, *cum hoc, ergò propter hoc*; donc l'intelligence pourrait bien provenir de l'organisation; et voilà que quand l'organisation périclite, le somnambule développe une énergie et des facultés intellectuelles qu'il n'a pas en santé. Les organes des sens paraissent indispensables pour connaître les qualités sensibles des objets, et voilà que ce somnambule, les yeux bandés, voit aussi bien que nous, et franchit, à l'égard de ce sens, des espaces télescopiques. Ces merveilles démontreraient que l'ame recèle dans son sein les facultés connues, et d'autres plus brillantes encore; que cette vie terrestre n'est qu'une des phases de son existence, et qu'elle doit prétendre à de plus glorieuses destinées; mais cela combattrait des opinions philosophiques régnantes : tout cela n'est donc que des chimères, du moins pour nos savans.

Qu'on réfléchisse bien, et l'on verra que les préventions de l'esprit de système, autant que l'incertitude des phénomènes du magnétisme, empêchèrent et empêcheront les corps savans d'en constater la réalité. Si les magnétiseurs éclairés sont sages, ils fixeront attentivement ces deux points. Qu'ils reconnaissent la difficulté surmontable, et qu'ils se recueillent en silence, pour acquérir les moyens de la vaincre, et s'ils les ont, qu'ils dirigent tous leurs efforts de ce côté, qui n'est pas celui qu'ils ont pris jusqu'ici. Le chemin est long, mais sûr.

CHAPITRE II.

Que les Médecins ne peuvent pas admettre le Magnétisme.

Malgré les préjugés que l'esprit de corps se charge de soutenir, la vérité parvient toujours à triompher des obstacles qu'il lui oppose. Quand elle ne peut ébranler les masses, elle entraîne les individus qui les composent, tantôt en leur faisant entendre sa voix amie des sentimens philantropiques, tantôt en les captivant par les charmes de la gloire qui accompagne toute entreprise courageuse et utile. Aussi voyons-nous des médecins et des savans distingués reconnaître l'existence du magnétisme, et s'en déclarer les défenseurs. Mais quoi qu'on puisse augurer de ces exemples, il n'en est pas moins vrai que les médecins n'admettront jamais l'usage du magnétisme dans la médecine, et cela, moins par des sentimens qui dégraderaient leur caractère, que par la force des choses.

La médecine est une science déjà trop conjecturale, pour que ceux qui la cultivent y introduisent l'usage d'un agent qui la précipiterait dans un abîme d'incertitudes. Depuis long-temps, se dirigeant d'après la méthode des sciences naturelles, ils s'efforcent de découvrir et de fixer les principes de cette science d'une manière invariable. Mais ce projet, dira-t-on, n'est-il pas illusoire? Après les notions positives de l'anatomie et quelques lois générales physiologiques, à peu près certaines, la médecine-pratique reçoit tout son prix de la sagesse et de la perspicacité du médecin; et ces deux qualités, si essentielles pour appliquer avantageusement les principes généraux et susceptibles d'être enseignés avec méthode, appartiennent à l'individu, et ne se transmettent pas. D'ailleurs, l'homme, qui est l'objet de la médecine, présente dans ses maladies des variétés aussi nombreuses que les combinaisons possibles de ses passions mues par la volonté, avec les élémens dont son organisation physique se compose. Or, toute science où l'homme entre comme partie intégrante, est nécessairement conjecturale. La médecine offrant ce caractère, sous le double rapport du médecin et du malade, le premier ne devrait pas dédaigner les secours que la nature lui fournit pour étendre ses moyens de guérir.

Cette conclusion serait juste, si nous pouvions recevoir le magnétisme comme un remède dont les propriétés invariables et connues permissent d'en assigner l'usage dans certaines maladies où les médicamens ordinaires sont impuissans, ou procurent moins d'effet. Mais en est-il ainsi ? Sans doute les médecins ne parviendront jamais à investir leur science des caractères distinctifs des sciences positives; pour cela, il faudrait que l'homme fût purement matériel; et ses passions, ses habitudes exercent sur son physique et sur la nature et la marche de ses maladies, une influence que les yeux de la sagesse peuvent apprécier chez chaque individu, mais dont elle ne saurait extraire des notions générales et directrices certaines. Cependant il faut applaudir aux efforts des docteurs qui désirent restreindre le cercle où s'active la perspicacité du praticien. Leur travail ne sera pas sans fruit, pour ne pas arriver au but proposé. En ne se permettant d'admettre pour moyens curatifs que des choses dont les propriétés sont invariables et connues, ils ménagent à la pratique un point d'appui unique et essentiel. Si les maladies qu'on traite sont déterminées, leurs différences, qui proviennent du tempérament ou du moral, fixent seules l'attention et la judiciaire du médecin, et le portent à régler la dose convenable du remède d'après ses propriétés et les obstacles qui sont à vaincre. Cette méthode est sage, et le magnétisme en détournerait.

En effet, si nous étudions les ouvrages où sont consignées les cures que cet agent a faites, il est impossible de déterminer les maladies auxquelles il ne serait pas applicable. Sa nature est un mystère qui a fait naître des sectes opposées : *les spiritualistes* prétendent qu'il n'y faut voir que les effets de la puissance de l'ame, manifestée par la volonté; les *physiciens*, en convenant qu'on doit recevoir la volonté comme une condition indispensable, la regardent comme le principe régulateur d'un fluide qui se modifie en passant à travers les filières de l'organisation, et qui en reçoit ses propriétés curatives. Mais, sans rien préjuger sur les forces efficientes du principe de la volonté, si les derniers ont raison, les propriétés de leur fluide doivent varier, non-seulement autant que les individus qui l'élaborent, mais encore autant que leurs dispositions journalières. Dans quel abîme de conjectures inextricables nous jetterait donc le projet d'admettre le magnétisme comme moyen curatif !

L'expérience ne saurait apprendre dans quel cas il est efficace. Le même magnétiseur échoue en opérant sur les personnes qui éprouvent les maux qu'il a dissipés dans d'autres. On explique cette nullité d'effet par un manque d'analogie : les dispositions mutuelles qui procurent le succès, n'existaient pas entre le malade et le magnétiseur. Mais s'il n'y a pas de moyens pour découvrir ces dispositions, si les propriétés du fluide magnétique en dépendent, l'incertitude se joint au danger d'aggraver le mal : car un remède qui agit par des propriétés sympathiques, quand il ne fait pas de bien, ne cause-t-il jamais de mal ? Cela est invraisemblable. Mais n'empiétons pas sur un sujet qui pourra être traité ailleurs. Je veux seulement montrer l'incertitude d'un médecin qui voudrait employer le magnétisme. Que pensera-t-il de l'opinion de ces enthousiastes qui s'imaginent qu'on pourrait l'ordonner, comme le séné et la rhubarbe, et que la femme de chambre ou la garde-malade se chargerait de l'administrer? On trouvera cet expédient plus bizarre, quand on se rappellera que le magnétisme provoque quelquefois des crises soudaines, où il faut réunir tout le sang froid, toute la prudence possible, pour diriger, observer et calmer les douleurs.

Il faudrait donc absolument que les médecins se chargeassent eux-mêmes d'administrer le magnétisme, afin d'en prévenir les dangers, et de se prendre pour mesure approximative des propriétés de l'agent employé. Les magnétiseurs voudraient bien les y déterminer, en leur rappelant les avantages qu'ils pourraient recueillir de la lucidité des somnambules pour leurs autres malades; mais tout cela est loin d'offrir des compensations suffisantes. D'ailleurs, les sujets qui atteignent à une grande lucidité sont fort rares; les autres doivent se circonscrire dans leur propre cercle. Les médecins qui le leur feraient franchir, flotteraient dans un vague de conjectures plus propre à les agiter qu'à leur faire prendre une résolution avantageuse. Quand un somnambule n'a pas donné des preuves qui inspirent une confiance entière, il est nul. J'aimerais mieux me confier à la sagacité d'un médecin qu'aux consultations d'un somnambule ordinaire que ce même médecin aurait approuvées : car, s'il croit au magnétisme, se défiant de ses moyens, et soupçonnant toujours qu'un être qui peut pénétrer dans mon organisation, a vu des choses qui légitiment l'emploi de certaines drogues auxquelles il n'aurait pas pensé, il n'osera pas les improuver, et me laissera peut-être courir des dangers que son savoir aurait évités.

L'espoir de guérir individuellement les malades pourrait donc seul engager les médecins à devenir magnétiseurs. Mais deux raisons péremptoires défendent d'y penser : l'une se tire de la chose, l'autre de la vocation de la personne. Pour obtenir des effets salutaires en magnétisme, il faut jouir d'une bonne santé, et joindre à des sentimens affectueux qui gagnent les cœurs, une patience, une force de volonté, une abnégation de ses intérêts divers, difficiles à rencontrer, et qu'on ne doit exiger de personne pour des indifférens. Le prosélytisme donne tout cela aux magnétiseurs; mais, s'il n'y avait plus à combattre, plus à se rendre intéressant par son zèle pour une découverte dont on préconise les avantages contre ses détracteurs, ils fourniraient bientôt eux-mêmes la preuve que l'amour de l'humanité seul ne serait pas assez puissant pour les soutenir. En avançant cette opinion, qu'ils ne pensent pas que je veuille déprécier les sentimens généreux dont ils sont animés. Le Créateur, en nous rendant sensibles à ces élans de compassion et de charité, qui trouvent trop d'occasions de se déployer, a voulu qu'ils fussent vifs, mais passagers; qu'ils respectassent les lois de la raison et de notre intérêt. Sans ce juste tempérament, les gens de bien trouveraient leur perte dans ce qui les rend estimables.

Que de victimes une charité plus expansive que réfléchie ne fait-elle pas? Sans doute il vaut mieux avoir à se reprocher ce défaut que l'égoïsme : mais tout excès est blâmable; et, sans étouffer la compassion qui nous fait voler au secours d'autrui, nous devons la soumettre à la raison, directrice de la sensibilité.

Comment un médecin qu'on vient d'appeler auprès d'un malade qu'il n'a jamais vu, et dont les maux proviennent ordinairement de ses excès ou de son imprudence, pourrait-il s'enflammer de zèle pour lui rendre la santé? Soins officieux, fatigues dont la récompense sera peut-être l'ingratitude, sacrifice de son loisir, enfin, tout ce que la plus tendre amitié peut inspirer, il faut qu'il se décide à le prodiguer en faveur d'un indifférent. Cela tiendrait de la folie, et cependant ce sont des conditions essentielles. S'il opère avec négligence ou seulement avec distraction; si, dans certains cas, il néglige de se soumettre à la plus rigoureuse assiduité, les effets seront nuls, ou pourront avoir des suites dangereuses.

D'ailleurs, le magnétisme absorbe trop de temps, pour que les médecins s'y livrent sans perdre le fruit de leurs études, sans manquer aux devoirs que leur état impose. Il n'y a pas de séance qui ne dure une heure ; et nous savons qu'il n'est pas possible de prendre plusieurs malades, sans danger pour eux et pour soi-même. Quand on obtient le somnambulisme, combien de fois se voit-on obligé, pour accomplir son œuvre, de rester deux heures et plus, et cela deux fois par jour? Je demanderai à ceux qui se trouvèrent dans une pareille circonstance, s'ils se seraient senti la force de recommencer, après une longue course qui aurait suivi cette séance. Il faudrait que les médecins fussent plus que des hommes, et qu'ils eussent de quoi vivre, indépendamment du lucre de leur état, pour pouvoir sacrifier autant de temps. Or, la plupart ne l'exercent que pour subvenir aux besoins de leur domestique: serait-il raisonnable de s'attendre à les voir admettre un remède qui les réduirait à la pauvreté, ce remède fût-il excellent, ce qui est loin d'être certain?

Leurs devoirs viennent aussi défendre leurs légitimes intérêts. Par la nature de leurs fonctions, ils doivent se transporter auprès de quiconque réclame leurs lumières, et se rendre assidument auprès de leurs malades, toutes les fois qu'ils en ont besoin, ou même qu'ils le désirent. Quand la maladie nous assiège, nous devenons timides comme des enfans; nous languissons de voir paraître le médecin: s'il tarde de venir, l'inquiétude s'empare de nous, et aggrave le mal de notre situation. Il nous semble que les regards du docteur en imposent à la maladie ; du moins ils peuvent suivre sa marche, et profiter de certaines circonstances, dont les avantages s'évanouissent, faute d'être saisis à point. Que sais-je ! mille chimères nous passent par la tête, et le médecin qui jouit de notre confiance, les dissipe en arrivant. C'est peut-être là le plus grand de ses services, indépendamment de sa science, quoique l'idée que le malade en a, donne de l'efficacité à cette espèce d'enchantement. Les médecins, qui savent qu'il est de leur devoir de compatir à ces faiblesses humaines, éloignent soigneusement tout ce qui les empêcherait d'y condescendre. Ils sont attentifs à voler où l'inquiétude et le danger les appellent, et tout n'en va que mieux. S'ils magnétisaient, l'ordre et la prudence, qui économisent leur temps, ne pourraient plus les guider ; ils seraient esclaves du hasard. Une crise, une faiblesse qui réclameraient leur présence, leur feraient manquer des visites importantes et attendues avec impatience. L'agitation qu'ils éprouveraient, en songeant à ceux qu'ils seraient forcés de négliger, pourrait nuire à leur magnétisé, et tout se ferait mal.

Ces considérations me paraissent suffisantes pour démontrer que les médecins ne pourront jamais administrer par eux-mêmes le magnétisme, fussent-ils convaincus de son existence et de ses effets. Mais, en supposant leur conviction possible, quand ils se détermineraient à conseiller l'usage du magnétisme, ce qui heureusement n'arrivera pas, je ne m'en éleverais pas moins contre leur assentiment, parce qu'il seconderait les efforts des magnétiseurs, pour répandre dans toutes les classes un agent dont les abus peuvent avoir les suites les plus funestes. L'enthousiasme ne voit que ses avantages, et les exagère. On voudrait en faire une médecine de famille, et on le charge de produire des effets moraux dans le commerce de la vie, qui n'ont point leur source en lui. Si le magnétisme se pratiquait dans l'intérieur des familles, les mœurs deviendraient plus douces, les liens du sang se resserreraient plus fortement, les liaisons de l'amitié seraient plus étroites, la charité plus ardente, etc. Ces beaux songes, qui nous retracent les vertus du siècle d'or, captivent les ames sensibles, et leur paraissent d'autant plus se rapprocher de la réalité, que l'objet auquel on attribue la puissance de produire ces prodiges de félicité, surpasse la mesure des choses naturelles. Le lecteur se mettra à même d'apprécier combien la vérité diffère de ces tableaux séduisans; il se convaincra du moins que rien n'est plus dangereux que d'encourager tout le monde à magnétiser.

CHAPITRE III.

Considérations générales et théoriques sur le Magnétisme.

Tout en relevant la dignité et l'importance des sujets qui captivent les philosophes, Socrate avouait (1) qu'ils n'étaient admirables que quand ils se renfermaient dans la sphère des principes purs; mais que, si on les faisait descendre de ces hauteurs où réside la vérité absolue des choses, pour les entretenir des affaires ordinaires de la vie, ils prêtaient à rire au simple peuple, aux servantes même, plus habiles qu'eux sur ces matières. Cette vérité trouve bien sa place ailleurs. J. J., qui écrivit pour réformer la constitution de la Pologne, s'imaginait bien sans doute pouvoir rendre ce pays libre et heureux, si on l'eût mis à l'œuvre. Quoi de plus séduisant que cet ouvrage! Le systême qu'il développe fait chérir les sentimens philantropiques du législateur, et admirer sa perspicacité à signaler les passions grandes et généreuses, et à les rendre dépositaires de l'accomplissement de ses projets. Entraîné par les charmes de son éloquence, on croit avec lui qu'il peut tout réaliser. Mais, dans l'exécution, combien de petites choses il aurait eu à apprendre, et de ménagemens à garder, qui auraient défiguré son plan idéal! Ces nobles polonais, qui lui demandaient des conseils, l'auraient jugé aveugle ou insensé, en le voyant prendre des mesures pour l'exécution.

Les philosophes ne devraient pas se glorifier avec Socrate de ce défaut, du moins dans leur conscience; car la philosophie ne saurait être vaine. La source de ce manque d'harmonie provient de la facilité avec la-

(1) Théêtête de Plat. Edit. Henr. Steph. 1578, t. 1, pag. 172 et suiv.

quelle les hommes méditatifs, et trop enclins à croire la félicité publique possible, confondent les archétypes que l'intellect conçoit avec les choses qui s'y rapportent ; ils prêtent aux individus la perfection et l'invariabilité des facultés essentielles à leur nature ; et tout leur échappe. Un archétype doit se comparer à un cercle spacieux qui en embrasse une infinité de concentriques, mais dont le développement circonférentiel est plus ou moins irrégulier. Ces derniers ne permettraient pas au géomètre de démontrer les propriétés de leur être et leur usage, lorsque leur circonférence est trop voisine du centre.

Quand nous réfléchissons sur les facultés de l'homme, et sur la puissance qu'elles peuvent fournir à qui saurait en faire toujours un usage sage et éclairé, nous constituons l'archétype de l'humanité. Mais, dans ces abstractions silencieuses, où l'esprit s'isole et se recueille en lui-même, il franchit les bornes du réel manifestable (qu'on me passe cette expression), pour ne contempler que des essences ; et quoique les principes dont il forme son homme se trouvent dans chacun de nous, il ne s'en trouvera pas un qui en atteigne la perfection, pas même le philosophe qui le conçoit. Nous ne contesterons sans doute à personne les facultés de sentir, de concevoir, de comparer, etc., prises dans un sens absolu ; et c'est là, si l'on veut, que réside l'égalité. Mais en conclurons-nous que tous les hommes sont actuellement égaux, parce qu'ils ont en eux le principe de ces développemens qui produisent de si grands effets, et qui commandent l'admiration pour les génies transcendans? Il vaudrait autant dire qu'il suffit de connaître ses lettres pour savoir toutes les sciences : car de quoi sont composés les traités les plus profonds ? De lettres, en dernière analyse.

Oui, malgré les sophismes de l'orgueil, l'égalité animique, quant à la puissance effective, est une erreur, sous quelque rapport qu'on veuille l'envisager. C'est cependant sur elle que les partisans du magnétisme se reposent pour en propager l'usage: ils enseignent qu'il suffit d'avoir face humaine, et de vouloir confusément le bien, pour magnétiser avec fruit. Diront-ils qu'ils ne croient pas que nous sommes égaux ? Alors ils seront en contradiction avec eux-mêmes. En admettant avec eux que la puissance de magnétiser est une faculté distincte des autres, ce qui n'est pas, on devrait convenir qu'il doit y avoir des individus qui en sont privés, comme il y a des aveugles et des sourds, et que ceux qui en jouissent la possèdent à une diversité de degrés infinie. Alors, qu'ils indiquent à quel point elle est efficace, et comment on peut savoir quand on y est, ou les moyens qui y conduisent, et tout sera dit : car est-il prudent de se reposer sur cette idée vague de vouloir le bien ? Ce n'est pas une chose si simple qu'on le pense. Combien de fois, en voulant le bien, l'ignorance agissante fait le mal !

Ils répondront que c'est en se reposant sur ce principe philantropique qu'ils ont opéré des guérisons étonnantes. Cela se peut ; mais ils auraient tort d'en conclure que c'est là une condition suffisante pour obtenir les mêmes résultats : il y a trop d'humilité dans l'opinion qu'ils conçoivent d'eux-mêmes. Qu'ils observent que l'intention de la volonté est distincte de la puissance : la première ne fait que déterminer le caractère moral des effets de la seconde. Si des hommes d'une constitution forte et vigoureuse, mais qui ignoreraient le pouvoir que cette constitution leur donne, venaient par hasard à en faire l'essai sur des fardeaux riches et pesans qui n'auraient pas de propriétaire, ils réussiraient peut-être à les emporter : mais si, ne remontant pas au principe de ce pouvoir, ils le confondaient avec leur volonté qui accompagne leur acte, et encourageaient tout le monde à les imiter, en prouvant par leur exemple qu'il suffit de vouloir pour réussir, combien y aurait-il de téméraires qui payeraient cher leur crédule confiance ? Mais le magnétisme entraîne des conséquences bien plus dangereuses ; elles ne retombent pas que sur ceux qui osent l'administrer.

Pour rendre sensibles tous les dangers du magnétisme, il faudrait en dévoiler le principe, et en offrir une théorie complète. Alors, si l'on ne pouvait s'empêcher d'admirer les merveilles qu'il produit, et celles plus précieuses encore dont il donne la clef, les hommes sages frémiraient, en parcourant la longue série de ses ravages, et réuniraient leurs efforts pour l'arracher des mains de l'ignorance et du vice. Mais qui, pouvant remplir la tâche que je viens de signaler, oserait se rendre responsable des suites de cette divulgation ? L'homme qui magnétise opère dans toutes les facultés de son être ; les effets qu'il produit sont relatifs à ses droits acquis sur la nature des choses. Exposer publiquement la théorie complète du magnétisme, et déchirer le voile salutaire qui dérobe les mystères de la création, et de l'homme qui en fut l'occasion, et qui en est l'objet secondaire, c'est la même chose.

Cette assertion doit plus qu'étonner ; mais nous n'entreprendrons pas de la prouver, puisque la théorie qui l'autorise en est seule capable. Cependant il est bon d'observer que les magnétiseurs qui ont fait preuve de génie ont tous désespéré d'établir une théorie satisfaisante, s'ils ne faisaient pas embrasser à l'action de l'agent qu'ils imaginaient, le domaine entier de l'univers physique ou de l'intellectualité. En séparant ces deux systêmes étroitement unis, ils tombèrent dans des erreurs inévitables, et donnèrent naissance à deux sectes qui se disputèrent toujours sans s'entendre. Leurs fondateurs s'éloignèrent de la vérité, non pour avoir voulu trop étendre la sphère du magnétisme, mais bien parce qu'ils la resserraient dans des bornes qu'elle franchit. Depuis peu, quelques auteurs (1) ont fait des efforts plus heureux, parce qu'ils ont fait intervenir confusément la puissance de l'ame. Mais, comme ils se laissent influencer par les opinions du siècle, ils ont trop

(1) Eschenmayer chez les allemands ; chez nous, l'auteur anonyme d'une brochure intitulée : *Mémoire sur le Magnétisme animal*, présenté à l'académie de Berlin en 1818.

prêté de pouvoir à l'organisation, et n'ont pas pu apercevoir les forces de l'intelligence.

Sans doute les facultés physiques jouent un rôle important dans l'action magnétique; mais elles n'exercent qu'une influence secondaire et relative à l'énergie des facultés de l'ame. La volonté qui dirige sur un malade la quintessence des élaborations du jeu complet de l'organisme, en a déterminé les propriétés, par l'usage antécédent qu'elle a fait des organes physiques et des facultés de l'ame; elle peut encore modifier par l'intention ces mêmes propriétés durant l'action magnétique. C'est dans la connaissance de ce fruit mystérieux, que l'on appelle fluide, et dans l'usage qu'en peut faire la volonté de l'opérateur, que je désire faire découvrir aux lecteurs attentifs les dangers réels du magnétisme, et les mettre sur la voie de ceux qu'il serait dangereux de divulguer trop ouvertement.

Quelques notions générales sur la physiologie sont nécessaires. Je vais les faire précéder de quelques principes métaphysiques que je ne me charge pas de démontrer. Ceux qui voudront y réfléchir, en sentiront l'évidence, s'ils se donnent la peine de les coordonner, et de remplir les intervalles qui les séparent, par des conséquences et des inductions sagement déduites.

Il ne faudrait pas se faire une idée bien sublime des conceptions de Dieu, pour s'imaginer qu'il ne plaça l'homme sur la terre que pour croître, se reproduire et mourir. Si ces trois périodes de la vie physique étaient à la fois termes et moyens, nous devrions convenir que jamais tant de merveilles et de puissance n'auraient concouru pour procurer un spectacle aussi bizarre, aussi frivole, aussi inutile, que celui des vicissitudes de l'existence terrestre. Il suffit d'observer que dans la nature, les trois règnes offrent le spectacle uniforme d'une chaîne d'êtres qui s'élèvent graduellement vers la perfection, et qui élaborent, par des moyens mystérieux, la matière brute dont le règne supérieur se substante, pour que nous rejetions une opinion qui, en reconnaissant l'homme pour l'être le plus parfait de ce monde, terminerait à lui les développemens de la puissance et du plan de la Divinité. L'homme est sans doute une créature sublime; mais c'est surtout quand, à l'exemple des anciens sages et de Moïse (1), on le regarde comme formant un quatrième règne, dont l'intelligence et la moralité sont les caractères distinctifs, et font découvrir en lui le sanctuaire où Dieu déposa le secret inviolable de ses desseins. Hors de ce système, qui est le seul vrai, l'homme est un assemblage énigmatique de contradictions, et Dieu n'est reconnu que pour recevoir des outrages. Car si l'homme, même immortel, engloutissait comme un gouffre les fruits des communs efforts de la création physique, sans en recueillir aucun résultat

---

(1) *Voyez* la langue hébraïque restituée, etc., 2e. partie, Cosmogonie, page 56, chap. Ier., note אדם; page 91, chap II, note איש; page 106, chap. III, note האשה

avantageux pour lui-même et pour le monde intelligible, Dieu serait sans sagesse, et, acteurs d'une scène ridicule qui récréerait ses regards, nous serions sous la dépendance d'un Dieu aussi méchant que fantasque.

Mais ce roi de l'univers physique, l'homme, n'est pas le triste bouffon de son Créateur; il s'y trouve placé pour y remplir deux tâches qui correspondent à son origine et à ses destinées. Il doit établir l'harmonie dans le jeu de ses facultés, en contraignant ses passions à un exercice conforme aux lois de sa conscience, et coopérer avec la Providence à l'accomplissement du but de la création. Ces deux motifs de l'existence terrestre ne sont pas distincts; ils s'effectuent ou sont manqués de concert. Les forces et les lois qui animent les trois règnes de l'univers physique, et auxquels nous appartenons aussi, élaborent la substance que l'homme doit travailler à son tour; mais il se livre à ce dernier travail sans le savoir, du moins pour le plus grand nombre, et avec un instrument dont la connaissance est très-difficile : son organisation physique. Le besoin, l'activité qui est inhérente à son essence, le forcent d'agir; et ce sentiment indestructible qui lui fait désirer le bien-être, le pousse dans l'œuvre divine à laquelle il est appelé. Cela n'est pas irrésistible, car il est ignorant, et par conséquent libre. Mais l'Etre-Suprême a su le garantir, ou du moins le rendre responsable des écarts de son ignorance ou de sa perversité. Le désir du bien-être fait concevoir et poursuivre des projets d'envahissement incompatibles avec le but qu'il se propose d'attendre, et plongerait dans la destruction, en établissant une lutte trop inégale entre l'individu et le systême universel des forces équilibrées et harmoniques. Dieu l'éclaira, dans l'intellect, par le sens moral, qui produit la satisfaction ou le remords, et dans le corps, par la sensibilité, qui enfante le plaisir ou la douleur.

Mais ce désir impérieux du bien-être est si véhément de sa nature, que le sens moral ne pourrait jamais combattre victorieusement, ni subjuguer les instigations de la sensibilité physique, si l'organisation ne le secondait à établir son empire salutaire; car il impose des privations actuelles, pour procurer des avantages futurs, incertains quelquefois, tandis que la sensibilité prend la marche contraire. Cependant l'univers physique, et l'organisation de l'homme qui y correspond, établissent une relation admirable entre leurs effets sensibles pour nous et les facultés de l'ame, et contraignent par-là cette dernière à se rendre attentive aux lois de la conscience, et à revenir aux idées de vertu ou de coordination. Malheureuse par les passions qui tyrannisent sa volonté, et répandent le trouble dans ses facultés, elle gémit de son esclavage; si elle s'y complaît, la douleur du corps, qui accompagne l'abus des forces physiques, vient enfin joindre sa voix aux cris de la conscience, et fait évanouir le séjour enchanté où les passions lui promettaient un bonheur durable. Alors la raison montre à l'homme la sévère vérité; il comprend que la félicité réside dans le calme de l'ame, qu'il n'en saurait jouir, sans se rendre maître de ses passions, et qu'il doit pour cela les soumettre au code vivant de sa conscience, dont le législateur est son créateur et son père.

Tout homme qui parvient à la conviction de cette vérité, et agit en conséquence, commence à opérer la double œuvre de son existence. Plutôt il s'empresse de prendre des résolutions énergiques, pour s'affranchir du joug des passions, moins les obstacles que leur délire accumule sont nombreux, et lui opposent de difficulté pour revenir à sa vocation originelle. Heureux ceux qui n'attendent pas les leçons d'une expérience personnelle! Il est un terme dans les excès du vice, au-delà duquel ce qui reste de vie et de puissance ne suffit plus pour dompter les habitudes vicieuses de l'ame, ni pour rétablir les désordres de l'organisation.

En appelant l'homme à coopérer avec la Providence dans l'œuvre finale de l'univers, la Divinité lui ordonna de prendre un corps qui établisse des rapports harmoniques entre le monde physique et son essence intellectuelle, et l'engage à s'en servir pour ce but, par le besoin de son bien-être, qui ne se trouve réellement que là. Elle sut construire cet instrument d'une manière relative à son but. En conservant sa liberté, l'homme devait voir sa puissance circonscrite, afin qu'il ne pût pas étendre trop loin, dans ses facultés et hors de lui, les influences de son ignorance ou de sa perversité, et qu'il s'instruisît à l'école de la douleur des dangers qui pourraient l'accabler, s'il persévérait dans une direction contraire à ses destinées, et où il lutterait seul contre sa conscience et les forces de l'univers. C'est à quoi pourvoit l'organisation humaine dans des proportions bienveillantes.

Sans entreprendre des détails fastidieux sur la physiologie, nous allons observer les fonctions des trois systêmes principaux de la vitalité. On ne saurait les distinguer séparément l'un de l'autre, parce qu'il n'y a rien d'absolument isolé dans l'organisation; ces trois systêmes s'enlacent et se correspondent par un lien sympathique qui les rend dépendans l'un de l'autre. Le trouble ou l'harmonie des fonctions de l'un influence les fonctions des deux autres. Le premier est le cerveau, en tant qu'il possède les organes qui procurent à l'ame les moyens de manifester ses facultés et ses passions. La perfection formelle de ces organes et leur flexibilité doivent produire des effets avantageux pour les êtres où ces qualités se trouvent réunies dès la naissance; mais elles peuvent s'affaiblir ou se perfectionner jusqu'à un certain point, par l'exercice de la volonté et par les influences sympathiques des deux autres systêmes.

Le second semble se confondre avec le premier, tant par ses fonctions que par sa substance : c'est le systême nerveux sensuel. Il embrasse les organes des sens extérieurs, et tous les nerfs qui se répandent dans l'intérieur du corps, ou viennent se perdre à sa surface. Chargé d'infuser partout la sensibilité et le mouvement, qui découlent de l'ame comme d'une source vive, ils reçoivent du cerveau un fluide qu'il élabore, et qui obéit aux impulsions de la volonté, et s'en servent pour établir la communication de l'ame avec les objets extérieurs. C'est aux tressaillemens des nerfs, lubréfiés par ce fluide moteur, que nous devons la connaissance des propriétés des bjoets physiques, relatives à notre mode d'existence terrestre. On n'a qu'à y réfléchir un peu, pour se convaincre de cette vérité, et cela pourra mener fort loin. Le centre de ce systême est le plexus de l'estomac, et c'est là le siége du sens interne des somnambules, des personnes en extase. En développant la vérité, sur laquelle j'ai prié le lecteur de fixer son attention, il sera facile de concevoir comment ce sens interne produit tant de merveilles, et remplace les autres.

Les matériaux du fluide nerveux sont fournis par le systême des viscères digestifs et sécrétoires, qui transforment les alimens en chyle, en sang et en liquides ou sucs divers. Toutes les sécrétions se partagent les soins de nourrir, de développer l'ensemble de l'organisation, et d'entretenir l'équilibre dans le jeu de ses parties; mais le systême qui produit ces sécrétions si diverses en qualités, est le plus impénétrable de tous, et jamais les physiologistes ne pourront découvrir le point où il ferme le cercle de la vie organique avec les deux systêmes cérébral et nerveux. En rapport avec les substances qu'il élabore, les moyens qu'il lui sont donnés pour extraire et combiner dans les alimens les propriétés des différentes sécrétions, seront toujours insaisissables aux yeux de la philosophie expérimentale.

Le cœur est le foyer de ce systême; par les artères, il répand le sang dans toutes les parties du corps, afin que chacune d'elles en élabore, par le systême glanduleux diversement modifié, sa nourriture propre, et les sécrétions qui doivent se répandre dans les alimens, pour les préparer ou alimenter les parties laborieuses. Le cerveau, second foyer de l'organisation, en élaborant du sang le fluide nerveux, s'empresse de le répandre dans les nerfs qui composent les organes des sens externes, et dans les nerfs internes qui le portent aux muscles, ceux-ci aux parties charnues, aux cartilages, etc., et entretiennent, par son moyen, l'irritabilité et la contractilité générales nécessaires aux mouvemens volontaires et organiques. Les veines rapportent au cœur, par un chemin secret, le sang appauvri de ses plus nobles qualités; mais, en traversant les poumons, il s'enrichit de nouveau des influences de l'air atmosphérique, qui le purifie en outre des qualités insalubres qu'il vient de ramasser en son cours interne (1).

---

(1) En ne parlant que de ces trois systêmes de l'organisation, il est inutile d'avertir que je ne les crois pas seuls nécessaires pour les fonctions de la vie; ils me paraissent seulement les plus directs et les plus généraux. Entre les trois secondaires, le systême vasculaire tient le premier rang.

Toutes les maladies se rattachent à deux principes : primitivement elles découlent ou des alimens, ou des passions de l'ame ; mais le plus grand nombre présente des combinaisons de ces deux causes. Organiquement, les deux systêmes viscéral et cérébral se communiquant au moyen du systême nerveux interne, leurs fonctions se trouvent dépendantes des qualités des substances qui leur sont fournies. Une nourriture mal-saine ou intempestive, un air atmosphérique impur ne permettront pas au systême viscéral de produire ses diverses sécrétions comme à l'ordinaire ; le sang, dont le cerveau s'emparera, ne donnera, pour réparer les dépenses du fluide nerveux, que des esprits viciés et en petite dose. D'ailleurs, il est facile de comprendre que les qualités vicieuses des alimens ou de l'air respiré, doivent exercer sur les organes ou sur quelques-uns d'entr'eux une action perturbatrice : si elles les irritent, ces contractions convulsives doivent produire l'inflammation, le gonflement, l'engorgement ; si elles les relâchent, l'atonie et ses suites en résultent. Dans ces deux cas, le désordre des fonctions aggrave le mal provenant des substances mal-saines, et le fluide nerveux vicié vient propager la maladie partout où il répandait des forces réparatrices. Qu'on se figure avec quelle rapidité les fluides sanguin et nerveux circulent dans leurs canaux, et l'on sentira les progrès effrayans du mal par leur action et réaction sympathique. Tout sera bientôt imprégné des qualités morbifiques ; et l'on ne concevrait pas comment on pourrait garantir l'organisation des suites d'une telle propagation, si la cause elle-même n'en fournissait les moyens. Voilà pour les désordres de l'organisation, où l'homme voit sa puissance se réduire aux conseils de sa prudence expérimentale.

Moralement, l'ame humaine a des facultés que son corps paralyse ; elle est obligée de circonscrire son activité à celles dont son organisme lui fournit des corrélatifs, et dans l'étendue où la matière peut la seconder. Dans les différens modes de perception où elle peut se trouver ici-bas, le somnambulisme peut faire comprendre à ceux qui ont été à même d'en observer les phénomènes, jusqu'à quel point elle s'affranchit quelquefois de ses entraves, et étend sa sphère d'activité. Mais ne nous écartons pas de notre sujet. L'emploi que la volonté fait du fluide nerveux peut conserver, détruire, rétablir la santé. Au pinacle de l'organisation, et recueillant le produit des travaux du systême viscéral, elle doit apprendre, dans l'administration de ce bien, à établir l'harmonie dans ses facultés. Toute déviation dans la dépense qu'elle en fait, lui est signalée. Nous avons fait connaître les régulateurs de sa conduite : le sens moral et la sensibilité. Dans leurs fonctions coërcitives, le premier cherche à prévenir ses rigueurs par de sages conseils qui éviteraient les écarts; mais la douleur n'a qu'une voix : cependant elle gronde dans le lointain avant d'éclater.

Rappelons-nous le double but de notre existence; c'est lui qui nous expliquera les fonctions des deux systêmes cérébral et nerveux sensuel. L'ame doit établir l'harmonie dans ses facultés, et augmenter par-là sa puissance individuelle, en se subordonnant à la Providence, qui dirige la création vers son but. A cet effet, le cerveau lui fournit les organes relatifs aux facultés qu'elle doit harmoniser par l'exercice; les sens externes lui servent à recueillir les matériaux sur lesquels elle doit travailler pour élever l'édifice du savoir positif; et les nerfs internes, dont les deux foyers sont le cerveau et le plexus solaire, conducteurs de la sensibilité et du mouvement, sont appelés à les répandre partout, selon deux modes : l'un volontaire, l'autre organique. Pour remplir ces trois fonctions, l'ame se sert du fluide que le cerveau élabore, et qui obéit aux impulsions de la volonté (1). Maîtresse de le dépenser

(1) L'on m'objectera que l'on ne peut concevoir l'action immédiate de l'ame sur un fluide matériel. La réponse dépend de l'opinion de ceux qui poussent en avant cette difficulté. Si ce sont des matérialistes, je ne saurais les convaincre dans une note, d'une vérité qui renverse leur systême : d'ailleurs, en faisant cette objection, ils sont de mauvaise foi, puisqu'ils n'admettent pas deux substances. Embarrasser est leur but; et il ne faut pas leur donner ce petit triomphe, qui ne prouve rien, mais qui fait chanceler les faibles.

Quant aux hommes qui professent les dogmes fondamen-

arbitrairement, elle voit la source de son pouvoir répandre ses ondes avec mesure et suffisance, ou ne fournir qu'un ruisseau faible et fangeux, selon

---

taux de toute religion positive, je ne vois pas pourquoi ils refuseraient d'admettre une proposition sur laquelle leur conviction intime devrait les tranquilliser. Je veux, et mon bras se lève. Si l'ame n'agissait pas sur la matière, d'où cela viendrait-il? Faudrait-il admettre l'harmonie préétablie de Leibnitz, qui charge la Divinité même d'exécuter nos moindres mouvemens, et cela afin de dépouiller l'ame d'une de ses facultés * ? Mais ce système ingénieux détruirait la moralité de nos actions : il est incompatible avec la liberté. L'action de l'ame sur la matière la défend, et en a seule le droit.

Il est vrai que ma volonté ne saurait remuer une molécule de matière indépendante de mon organisation, ou des moyens qu'elle me procure pour cela. Mais un homme qui aurait un tel pouvoir, rivaliserait avec Dieu. Les propriétés de la matière, telles que l'inertie, l'impénétrabilité, l'étendue, etc., appartiennent également, et dans un même degré d'intensité, à chacune des molécules de l'univers ; le volume qu'elles forment en se réunissant, n'ajoute rien, absolument rien, à l'énergie de ces propriétés : c'est du moins ce que toutes les écoles enseignent. Or, qui pourrait connaître le principe de ces propriétés universellement répandues dans les molécules de la matière, et s'en emparer, pour en mouvoir à son gré une seule par l'impulsion de sa volonté, pourrait l'étendre sur l'univers entier ; car la masse totale n'oppose qu'une résistance identiquement la même à celle de la collection des propriétés d'une seule molécule. Serait-il prudent d'investir un homme d'un pareil pouvoir ? Dieu

* Ceux qui veulent avoir une idée succincte et claire de ce système, peuvent lire la 83e. lettre d'Euler à une p. d'All.

que les sentimens qui l'animent sont amis de l'ordre ou esclaves de la passion. Nous devons définir la passion, tout désir qui franchit les bornes d'une juste appréciation des choses, et qui nous entraîne, pour se satisfaire, dans des démarches où l'ordre harmonique du tout est sacrifié au bien d'une de ses parties.

Si le noble désir d'accroître ses connaissances prend son principe dans d'autres sentimens que dans ceux d'une philantropie éclairée et pieuse,

---

a su le circonscrire dans la sphère de notre organisation ; il l'a même étendue au-delà : sa sagesse lui défendait d'en faire plus.

Si l'on ne désire que comprendre la possibilité scientifique d'un tel pouvoir, comme l'on peut se démontrer que les carrés des deux côtés d'un triangle rectangle sont égaux à celui de l'hypothénuse, je réponds qu'il faut d'abord savoir ce que c'est que l'essence de la matière et de l'ame ; alors seulement on résoudra le problême. Mais, direz-vous, cette connaissance est au-dessus de l'intelligence humaine. Qui vous l'a dit ? Et, s'il en est ainsi, vous n'aviez donc pas réfléchi sur l'étendue de la question ; et sans y penser, vous demandiez l'impossible ? En supposant qu'un homme pût remuer par sa volonté une molécule étrangère à son organisation, vous seriez réduits à l'admettre sur la foi de l'expérience. Et Dieu sait quels raisonnemens, quels biais vous sauriez découvrir pour attribuer ce phénomène à toute autre cause qu'à la volonté ! Certes, vous auriez beau champ pour ranger celui qui vous rendrait spectateurs d'un pareil miracle, parmi les joueurs de gobelet. La volonté agit sur le corps : cela est évident pour tous. Quant à savoir comment, cela est possible. Paris n'est pas l'ouvrage d'un jour, et l'on peut encore l'embellir.

il dégénère, et l'étude devient une passion. L'ame, voulant vaincre les obstacles naturels de la science et du temps, s'abandonne à des méditations profondes, et ne se donne aucun relâche. Pour lubréfier les organes de la pensée et entretenir leur flexibilité, elle leur prodigue le fluide dont elle dispose, et fait souffrir le systême nerveux interne et le systême viscéral. Car la sympathie, qui fait des trois systêmes principaux un tout indivis, veut que l'ame distribue à chacun d'eux ce qui leur est nécessaire. Si donc, par une préférence trop exclusive pour la science, l'ame frustre, au profit des organes dont l'usage la captive, la nourriture qui appartient aux deux autres systêmes, la douleur se présente. Les nerfs internes ne recevant plus avec assez d'abondance les parties nutritives de leur substance, maigrissent, se flétrissent, pour ainsi dire, et n'envoient aux viscères qu'un fluide rare et dépouillé de suavité. A son tour, le systême viscéral, perdant sa contractilité organique, ne peut plus exécuter ses fonctions élaboratrices avec la même promptitude et la même perfection; les sécrétions, nécessaires pour préparer les alimens, depuis leur entrée dans l'estomac jusqu'à leur sanguination artérielle, ne sont plus assez abondantes, ou ne jouissent plus de leurs qualités, ou enfin ont perdu leurs proportions respectives; le sang ne fournit plus les mêmes élémens, soit en quantité, soit en qualité, pour le fluide dont l'ame dispense l'emploi. Alors les organes de la pensée, mal alimentés, fatigués par l'exercice, s'échauffent; ils communiquent leur inflammation à la partie élaboratrice du cerveau; et les fonctions de cette dernière étant troublées, réactionnent sur les organes qui sont la cause du désordre. Le systême nerveux sensuel éprouve les ravages de la disette, et le systême viscéral, sans vigueur, suspend son activité. Dans ce moment, la douleur arrache à l'ame son sceptre tyrannique, et lui apprend que l'abus du pouvoir en est le tombeau. Les maladies de ce genre se diversifient selon les causes secondaires qui en ralentissent ou en accélèrent la venue et la violence. En tout cas, les secours physiques ne produisent d'effet vraiment salutaire, qu'autant que le repos volontaire de l'esprit permet aux organes malades de reprendre leurs forces, en absorbant le fruit de leurs travaux.

Il faut observer que les désordres auxquels nous venons d'assigner pour principe l'excès de l'étude, sont rares, parce que ceux qui cultivent les sciences pour un but étranger aux progrès de l'esprit humain, ignorent ce feu sublime de l'enthousiasme qui, les yeux fixés vers la gloire, dévore les obstacles qui l'en séparent; ils marchent dans des sentiers aplanis, où la mémoire fait les plus grands frais. Mais ces mêmes désordres dans les organes de l'intelligence se reproduisent très-souvent par ces projets laborieux, où l'esprit se fatigue à poursuivre la fortune ou les faveurs d'une ambition plus relevée, mais qui n'a que l'intérêt personnel pour mobile. Le désir de posséder exclusivement pour soi et pour les siens, en tant qu'ils sont encore soi, est la source de mille vices, et se propose de rendre heureux et recommandable, par des moyens extérieurs, indépendans de la valeur intrinsèque de l'homme, et, par conséquent, contraires à notre but final. Il est si véhément dans ceux qui se laissent maîtriser par lui, qu'il tue le corps, quand on veut respecter les lois de la probité, ou qu'il corrompt l'ame, quand on veut s'affranchir d'un travail immodéré. Dans l'un et l'autre cas, il dessèche le cœur, en abrutissant l'homme, jusqu'à lui faire préférer à l'amitié et aux bénédictions de ses semblables, des richesses passagères ou des biens d'opinion ; il est chargé de le punir par des maladies ou par les conséquences morales de son systême, et souvent par les unes et les autres à la fois. Quel tableau consolant j'offrirais à la vertu généreuse, si je développais les maux secrets qui surprennent l'égoïsme envahisseur et habile ! L'avare laborieux, mais probe, fait pitié, il a la vue si courte ! Mais pour cet homme ingénieux qui prostitue à l'injustice ses facultés immortelles afin de s'enrichir, en esquivant les maux corporels du premier, on s'applaudirait de le voir pris dans ses filets si industrieusement tissus. Mais le cercle qu'il faudrait parcourir pour descendre des peines de l'esprit aux souffrances corporelles qui en sont les suites, serait trop vaste ; cela n'appartient pas, d'ailleurs, assez au sujet que nous traitons, puisqu'ici la douleur corporelle est chargée d'instruire l'homme de ses écarts, et de le rappeler à sa conscience. Ici, nous le supposons égaré; là, il est perverti.

Pour établir l'harmonie dans ses facultés, et augmenter leur force par l'exercice, l'ame doit prendre pour base de ses travaux l'être et l'univers physique; car la science doit découvrir les rapports de ces deux grands objets entr'eux et leurs principes. Aussi, dans les trois fins pour lesquelles Dieu donna à l'homme le systême nerveux sensuel, on doit distinguer celle-là. Mais, comme il n'y a que quelques hommes privilégiés de la fortune et de la nature, qui puissent prétendre aux douceurs du savoir, il suffit de signaler cet usage du systême nerveux sensuel, pour faire comprendre que la science est le but final de l'être intelligent. Et qu'on n'en prenne pas sujet d'accuser la justice du Souverain-Être qui met une si grande différence entre ses enfans; tous peuvent s'acheminer vers la science, par la vertu qui est pour tous, et recueillir, des merveilles dont nous sommes environnés, autant de jouissances que le savant qui les comprend. Il faut entendre ceci pour les avantages physiques; car je ne veux pas rabaisser la supériorité du savoir jusqu'à la sensibilité ignorante. Virgile a su fixer sagement la différence de ces deux états :

Felix *qui potuit rerum cognoscere causas*, etc.
Fortunatus *et ille*, *qui*, etc.

Avec lui, nous pouvons tous, sans craindre le repentir ni la douleur, savourer les plaisirs d'une campagne délicieuse, et goûter le charme d'être sensible. C'est dans ces extases qu'inspire la contemplation de la nature, que Dieu répand dans nos ames le désir du savoir; et il a défendu à la douleur d'assiéger le portique du sanctuaire.

Mais, en tant que sensibles, les hommes doivent se rapprocher, et combattre l'amour de soi par ses propres forces, en le transformant sous les traits de ce penchant impérieux qui attire un sexe vers l'autre. Cette passion, qui se déploie dans toute la circonscription circulaire du système nerveux animal et organique, restreinte dans les bornes de la modération et de la morale, est faite pour embellir l'existence des individus, et pour répondre aux vues secrètes du Créateur dans la conservation des espèces; mais pour l'homme, quand elle franchit la sphère où Dieu autorise son exercice, elle enfante mille vices et mille maux.

L'ame qui se livre aux passions érotiques, dépense le fluide nerveux et conservateur de deux manières : l'imagination, ardente à reproduire des images favorites, met en exercice tous les organes intellectuels; et la volonté, déterminée à réaliser les scènes qui la séduisent, prodigue le fluide moteur et séminal. Le système cérébral, après avoir travaillé péniblement pour l'imagination, est ébranlé par des secousses qui interrompent ses fonctions, et qui lui arrachent sa nourriture; le système des nerfs internes ne conserve rien de ce fluide qui lui donne la vie ; et les viscères, éprouvant des mouvemens convulsifs, et ne recevant plus assez du fluide qui les lubréfie et entretient leur élasticité, ne fournissent que des sécrétions rares et impures.

Des entraves morales de toute espèce se réunissent pour amortir la fougue impétueuse de cette passion, et pour nous préserver des dangers qui accompagnent la réitération de ses actes; mais quand les principes religieux ne se présentent pas pour nous défendre des écarts de l'imagination, elle réalise tout ce qui est absent, elle franchit toutes les digues. Voyez ces malheureux jeunes gens qui se livrent à une manie trop commune, et qui a des suites incalculables; vous pourrez comprendre combien les excès de cette passion répandent de trouble dans notre ame, par le tableau physique des désordres de l'organisation. Les organes intellectuels en éprouvent les premiers effets : la mémoire s'affaiblit ou se perd, le jugement s'altère, la crainte, l'abattement moral se peignent en traits livides sur le visage; la stupidité suit; les organes des sens externes perdent leur énergie ou se paralysent; les nerfs internes, trop affaiblis, ne peuvent plus imprimer le mouvement aux muscles et aux viscères; le chyle, le sang s'appauvrissent : tout offre le spectacle pitoyable auquel l'ame est livrée. La volonté, sans vigueur, ne peut plus combattre ses passions, et le sommeil, ce baume réparateur de nos forces, devient plus laborieux et plus funeste que la veille.

Ceux qui voudront réfléchir sur ces observations rapides des désordres de l'organisation physique, conviendront que les principes sur lesquels elle repose, correspondent aux deux buts de notre existence terrestre, et que le fluide nerveux est le lien sympathique qui forme, des trois systêmes principaux de la vitalité, un tout unique, dont il entretient les forces et favorise les fonctions quand l'ame l'emploie avec sagesse.

Le sommeil naturel nous fournira un exemple décisif de la dernière assertion. Les fonctions de nos organes dépendent, dans la masse de leur substance, d'une certaine élasticité qui leur permet d'obéir à des mouvemens successifs de contraction et de dilatation. D'où vient cette propriété ? Si les préjugés n'offusquaient pas souvent l'esprit, il serait facile d'assigner la cause de cette propriété; mais la crainte de retomber dans les erreurs scolastiques, empêche de voir certaines vérités. Pour moi, je crois que l'élasticité de nos organes dépend d'un doux tempérament du sec des substances organiques et de l'humide des fluides; la chaleur que nous respirons dans l'atmosphère, est le lien de ce mixte. Les cuisses d'une grenouille, long-temps soumises aux contractions de l'excitateur galvanique, perdent leur élasticité; plongez-les dans l'eau, elles la recouvrent. Si l'air les a desséchées, elles n'éprouvent plus de commotion. Cela paraît assez concluant.

L'ame, en imprimant des mouvemens volontaires, peut faire triompher le principe de la chaleur qui produit le sec; et alors l'élasticité s'affaiblira proportionnellement. En effet, dans l'état de veille, l'ame, pour accomplir ses projets, exécute des mouvemens nombreux et divers : elle ne le peut qu'en dépensant le fluide nerveux; les sens externes, les organes de la pensée en consomment une grande partie, et les nerfs internes n'ont que le reste pour lubréfier le systême viscéral, et pour exécuter les ordres de la volonté agissante. Dans cet exercice général, les organes ont à répondre à deux objets : à leurs fonctions respectives, et à rétablir l'affaissement provenant des mouvemens volontaires. Les parties comprimantes et comprimées usent leur ressort; les frottemens réitérés les échauffent, et font triompher le principe de la chaleur, qui fait dissiper l'humide par des transpirations abondantes. Le fluide nerveux devient graduellement plus rare, et la fatigue de l'ame lui annonce l'affaiblissement de l'élasticité, et le besoin de la rétablir. Alors, se recueillant en elle-même, elle suspend son activité physique. Si les passions violentes ne la maîtrisent pas, ses organes intellectuels s'assoupissent, les sens dorment, et les nerfs internes reçoivent presque tout le fluide nerveux, pour le porter partout où sa présence est nécessaire. Les membres étendus, et libres de toute compression étrangère, lui prêtent un passage exempt de péage usurier ; il est employé à rétablir l'élasticité des viscères. Ceux-ci se remontent peu à peu par leur propre produit ; et quand l'équilibre est de retour, que le fluide, abondant dans tous ses canaux, obéit aux moindres velléités de l'ame, le réveil s'opère.

Notre organisation est donc telle, qu'à moins de prostituer notre ame aux vices dont une prudence aussi subtile que sacrilège dirige les démarches, elle est dans l'alternative, ou de souffrir, ou d'obtempérer à la voix de la conscience qui nous appelle à la double tâche de notre existence. Pour cette dernière fin, et de concert avec les lois universelles de la nature, elle extrait, des substances fournies au système viscéral, les sécrétions diverses, et couronne son œuvre par le fluide précieux qui conserve la vie organique et ses avantages, et sur lequel l'ame exerce une de ses facultés occultes relative au but final de la création.

C'est ce fluide que les magnétiseurs prodiguent aux malades dans la manipulation magnétique. Je ne prétends pas qu'il agisse seul au physique ; car l'organisme étant mis dans un état de tension générale par les efforts concentrés de la volonté, exprime de ses diverses parties des exhalations imprégnées des qualités dépendantes de leurs fonctions vitales ; celles-ci reçoivent la direction du fluide nerveux, et vont accélérer, en se distribuant dans les organes du malade, d'après la loi des affinités, le mouvement nécessaire à leurs fonctions animales. Nous aurons occasion de rendre ceci plus sensible.

Il faut convenir qu'il n'y a pas de moyens curatifs plus efficaces que celui-là, quand il possède les qualités requises, et qu'il est employé dans les cas convenables. Mais que de lumières, que de méditations éclairées par l'expérience, il faut avoir acquises et faites, avant de savoir quand le magétisme est salutaire; et l'on voudrait le confier à tout le monde! Modérons-nous, et raisonnons.

C'est une des défectuosités inhérentes à la matière, d'être diverse, et de ne pouvoir réfléchir dans ses produits la perfection des archétypes de l'intelligence. L'archétype de l'organisme humain est parfait, parce que c'est une des créations divines. Mais les organisations particulières s'éloignent ou s'approchent plus ou moins de sa perfection, parce qu'elles se composent d'élémens matériels et de formes organiques. La pureté des premiers dans leurs propriétés intrinsèques, dépend de celle du sang de nos parens; et la justesse des proportions des organes, considérés tant en eux-mêmes que relativement au but final de l'ensemble, réfléchit les talens du principe qui préside à leur formation. Je ne puis m'étendre sur ce dernier point, cela nous entraînerait trop loin; mais ma pensée ne sera énigmatique que pour ceux qui ne me prêtent pas assez d'attention.

C'est de la perfection et de l'harmonie des formes organiques que dépendent principalement les qualités des fluides élaborés par le systême viscéral. Les hommes présentent de ce côté des différences aussi innombrables que du côté de l'intelligence; et quoique les médecins s'accordent à adopter la grande division des tempéramens en quatre classes, aucun d'eux ne prétend que les mélancoliques, en général, par exemple, élaborent, des mêmes alimens, des fluides identiques dans leurs propriétés. Mettez dans une salle dix hommes d'un même tempérament, qu'ils prennent pendant quelques jours la même nourriture, je suis sûr, malgré ces identités physiques, qu'un chien fidèle à son maître, et impatient de le retrouver, introduit parmi eux au sein de l'obscurité, pourra le reconnaître parmi ses compagnons : tant les émanations sont différentes! Or, tout effet a une cause efficiente.

Devons-nous conclure de là que la constitution formelle des filières élaboratrices du systême viscéral est la cause unique des différences de leurs produits? Je voudrais bien répandre quelque lumière sur cette question importante, afin de mettre les lecteurs sur la voie des dangers du magnétisme, qu'il serait imprudent de divulguer sans précaution. Mais cela est très-difficile, tant à cause de la profondeur du sujet, que de la circonspection que je dois m'imposer. La faiblesse de mes moyens pourra encore ajouter à ces difficultés; mais ceux qui sentiront la pureté de mes intentions, seront les plus indulgens pour l'absence de certaines qualités qu'il ne dépend pas toujours de nous d'acquérir.

Les formes, de quelque nature qu'elles soient, ne produiraient rien sans une force qui les active, et un élément soumis à leur action. Or, qu'est-ce qu'une force *laborante*, se mouvant d'après des lois déterminées? Si l'on veut répondre quelque chose de raisonnable, il faut la considérer comme la manifestation d'un principe intelligent. La forme est dépendante de la force; elle lui est postérieure, comme le fils l'est à son père. La force est elle-même la manifestation d'un *mouvement prédéterminé;* et celui-ci suppose une volonté qui est une faculté première et inséparable d'un être intelligent. Ainsi, nous pouvons soutenir que là où se trouve une forme, il y a eu un principe vif, supérieur et antécédent à elle, si elle est morte, et qu'il s'y manifeste, si elle opère.

C'est en s'appuyant sur ces argumens invincibles, que les anciens sages professaient tous le dogme philosophique, que Virgile exposa dans ce vers si fameux :

Mens agitat molem, et magno se corpore miscet,

et qu'ils en déduisaient les plus vastes conséquences, toutes légitimées par les notions qui entrent dans la nature d'un être intelligent parfait, et démontrées par le spectacle de l'univers.

En effet, le monde physique ne présente que des formes, qui, s'élevant graduellement en perfection, depuis le minéral jusqu'à l'homme, sont activées par une force immense, et élaborent la matière sous sa direction, pour manifester et soutenir les merveilles de la vie sous ses différens aspects. Donc, partout où le minéral se conforme, partout où la plante se développe, partout où l'animal présente les phénomènes de l'organisation locomotive, là cette intelligence suprême, cette ame vivifiante du monde se manifeste et commande l'adoration.

Dans son incompréhensible unité, la lumière renferme toutes les couleurs; mais elle les posséderait en vain pour nous, si des corps diversement organisés ne la contraignaient, en l'arrêtant, de s'épanouir, et de répandre sur eux des couleurs relatives à leurs propriétés : car tous les corps sont prismatiques; et c'est à la diversité de leur contexture, dépendante de leurs propriétés, qu'il faut attribuer les manifestations incalculables de la lumière, et le ravissant spectacle qu'elles produisent. Telle est l'ame de l'univers : unité collective de toutes les puissances, elle ne saurait les manifester toutes à la fois, et dans leur étendue, sans se réfléchir elle-même à elle-même; car elle est sa propre et unique mesure. Tout être qui peut se manifester tout entier est fini, et reconnaît un supérieur dans celui qui le conçoit, sans s'identifier à lui. Agissant dans le monde selon ses facultés universelles, et simultanément dans toutes, l'Être-Suprême pénètre, vivifie tous les êtres proportionnellement aux propriétés ou aux facultés dont ils sont dépositaires; et tels que les corps qui perdraient leurs couleurs dans l'obscurité, ils cesseraient d'être, si l'ame universelle n'infusait pas en eux la vie et ses vertus : car tous les êtres ne sont que des miroirs qui réfléchissent les uns aux autres, dans l'ordre d'inférieur à supérieur, une image plus ou moins ressemblante de la Divinité. Mais l'homme seul peut ici-bas prétendre à devenir spectateur de cette scène harmonique des êtres, parce que seul il peut concevoir l'intelligence suprême dans un degré assez élevé. Tel qu'un foyer ardent qui réunit les rayons épars du soleil, il est le faisceau des puissances divines, manifestées dans l'univers sensible, et le germe précieux d'un ordre de choses plus sublime. Nous y reviendrons bientôt.

Des trois règnes de la nature, le minéral est le plus profond, le plus obscur. Cependant les merveilles que nous pouvons y découvrir, font bien reconnaître la puissance divine qui anime ses produits. Elle s'y manifeste dans toutes ses facultés électives et plastiques d'une manière évidente; car, dans le sein de la terre, il n'y a rien de vivant qu'elle qui puisse choisir, combiner les propriétés secrètes de la matière, pour les offrir sous les formes d'une unité collective. En vain les physiciens et les chimistes prétendraient récuser l'action divine dans la formation des minéraux; on les forcera toujours d'y souscrire, s'ils ne veulent pas renoncer à la raison. Toute forme suppose une force, etc. : qu'ils renversent cet axiome et ses conséquences. S'ils se retranchent dans la phrase banale des lois de la nature, on leur prouve que c'est admettre ce qu'ils voudraient proscrire ; car qu'est-ce que des lois? Les formes de l'action par lesquelles un être intelligent manifeste sa marche intentionnelle vers un but qu'il détermine ou qu'il se propose d'atteindre : seulement l'action divine est universelle et constante, parce que Dieu est universel et sage. Cela me paraît trop évident, pour que je m'y arrête plus long-temps.

Nos sens ne pourront jamais nous instruire des modes secrets du Créateur dans la formation des minéraux. Est-ce par voie de génération successive qu'il les produit, ou ses facultés électives, agissant seules pour rassembler les matériaux, les confient-elles à sa puissance plastique, qui les conforme selon les archétypes dont chaque minéral est une copie? Quoi qu'il en soit de cette question, la formation des minéraux n'appartient pas à la simple juxta-position. Leur être ne consiste pas dans la masse, mais dans les propriétés distinctives de la molécule minérale ; c'est dans ce sanctuaire impénétrable que la Divinité exerce ses puissances facultatives de l'élection, soit qu'elle y développe l'organisme simultanément avec l'être, soit qu'elle se serve d'un organisme antécédent, pour le reproduire, et atteindre au but final de ce règne. Car les minéraux ont aussi une organisation qui leur est propre; leur contexture, leurs propriétés, et les phénomènes singuliers de leur sympathie ou antipathie réciproques, le prouvent aux yeux du métallurgiste éclairé. S'il s'est aperçu que la science ne consiste pas à decrire les formes, mais à connaître les forces vives qui les produisent, et le but où elles marchent, l'échelle graduelle des minéraux lui aura fait sentir cette vérité profonde de l'école pytagoricienne :

Γνώσῃ δ'.... φύσιν περὶ παντὸς ὁμοίην.

Et il doit pouvoir résoudre la question que nous avons laissée pendante; car il conçoit que l'ame du monde, agissant partout et simultanément dans toutes ses facultés, doit en laisser l'empreinte sur toutes ses productions. Une oreille musicale a le sentiment de certaines beautés harmoniques qui échappent au vulgaire des amateurs.

Quoi qu'il en soit de leurs merveilles secrètes, l'utilité des minéraux pour les deux règnes supérieurs est sensible. L'ame du monde s'en sert pour produire les bases des fluides et des sels qui alimentent les végétaux et l'animal. Tous les minéraux imprégnés d'eau, ou se dissolvant les uns par les autres, au moyen de ce menstrue de la végétation, n'attendent que la chaleur, premier principe de vie, pour exhaler en abondance de leur corps une partie de leur substance sublimée, et pour répandre dans les airs ces émanations qui nagent dans l'atmosphère, et qui y sont soumises de nouveau aux nouvelles combinaisons des facultés électives de l'ame universelle.

Dans le végétal, se manifeste une troisième faculté de l'ame universelle, qui est la cause des phénomènes admirables qui distinguent ce règne du précédent ; c'est la faculté expansive, qui, se déployant d'un centre déterminé, où les facultés électives et plastiques attendent qu'elle vienne les animer, développe, de concert avec elles, une circonférence dont elles assignent l'amplitude. Tous les êtres de ce règne résident primitivement dans un germe, et parcourent, sous différens aspects, les mêmes phases du développement organique, qui se termine à la reproduction d'un germe nouveau, réceptacle des propriétés de l'espèce qu'il doit conserver. Assistons, par la pensée, au spectacle merveilleux que la puissance divine étale pour réfléchir dans ce règne ses augustes perfections, et pour le faire concourir à son but final.

Le soleil, ce majestueux ministre de l'ame universelle, possesseur, en nombre et en énergie, de toutes ses facultés manifestées, est chargé de les rendre sensibles par sa clarté, et de déterminer leur action, en pénétrant tous les corps par sa chaleur. En parcourant sa carrière estivale, il préside au commencement, aux développemens, à la clôture de la végétation, par son action sur l'élément aqueux. A son retour sur chaque hémisphère, il contraint le règne minéral de fournir les bases des fluides et des sels dont le règne végétal a besoin; il infuse dans l'eau une chaleur dilatante qui augmente sa fluidité, et la rend apte à toutes les combinaisons; il pénètre les semences, et va réveiller dans le germe les facultés expansive, élective et plastique de l'ame du monde, qui n'y exerçaient jusques-là qu'un mouvement insensible de trémulation, résultant de l'équilibre de ces forces. Mais la présence du soleil fait triompher la faculté expansive, et aussitôt les facultés élective et plastique se mettent en action, dans le rapport des propriétés spermatiques qui les attirent. C'est la simultanéité des efforts de ces trois facultés qui détériore ou detruit les semences, quand, au retour du soleil, ou dans d'autres cas qui réveillent la faculté expansive, elles ne se trouvent pas dans les circonstances convenables pour fournir des matériaux à la faculté élective : car alors, agissant sur les cotylédons de la semence, elle les dépouille de leurs propriétés attractives de l'eau, et la faculté expansive brise les produits de la faculté plastique, et brûle les résidus. Ce dernier phénomène va jusqu'à l'incendie dans plusieurs céréales, où la faculté expansive est très-puissante.

La semence une fois jetée en terre, l'eau imprégnée des émanations minérales, et doucement échauffée, filtre dans les lobes qui défendent le germe. Aussitôt les facultés électives choisissent; la faculté expansive élargit l'enceinte mystérieuse, et les facultés plastiques déterminent l'ordre dans lequel elle doit agir, en développant graduellement les formes organiques de l'espèce. Durant la vie de la plante, depuis sa mise en terre jusqu'à sa fin, ces trois facultés de l'ame universelle agissent simultanément, mais non pas dans le même degré, parce que les principes extérieurs ne sont pas invariables. Au printemps, les facultés expansive et élective surmontent la faculté plastique, qui a de la peine à configurer les élémens choisis par l'une et portés par l'autre; elle laisse échapper abondamment ces émanations végétales qui parfument et vivifient l'air. Mais à mesure qu'elle travaille, elle enchaîne dans ses formes ses deux compagnes, et les contraint, en distribuant leurs efforts, à la servir dans la construction graduelle des organes de la génération, et du réceptacle où elles viennent déposer les propriétés essentielles de l'espèce qui doivent les réveiller, et s'endorment enfin dans le germe aérien, but de leurs travaux, et faute d'alimens. Le soleil a desséché la surface de la terre, et les plantes qui ne plongent pas leurs racines assez avant, doivent, à cette époque, avoir fini leur tâche et disparaître. O sagesse suprême, tu fais tout avec nombre et mesure !

Les végétaux vivaces offrent les mêmes phénomènes principaux dans leur fructification, que les plantes annuelles, mais avec des différences dont on découvre la cause physique dans leurs racines. Pour eux, le chaud et le froid sont d'autant moins sensibles, que leurs racines s'enfoncent plus avant dans la terre, et les garantissent ainsi des vicissitudes que le soleil fait éprouver au principe aqueux. Dans l'été, l'humidité souterraine les protége contre la sécheresse qui fait mourir ou mûrir les plantes annuelles; dans l'hiver, la chaleur centrale conserve la fluidité de l'eau, principe corporel de toute végétation. Voilà pourquoi les trois facultés de l'ame universelle agissent constamment dans les plantes arborescentes, et y manifestent leur action par des phénomènes non équivoques, tels que la durée des feuilles qui bravent les feux de l'été, l'accroissement non interrompu des individus qu'elles animent, et ces bourgeons précieux, seconds germes précoces où elles attendent le retour du triomphe général de la faculté expansive, pour reprendre leur essor fructifiant.

Quelqu'inconcevable et variée que soit la marche de ces trois facultés de l'ame universelle, afin de réfléchir dans le végétal des images de ses conceptions et de sa sagesse créatrices, il faudrait s'aveugler bien étrangement pour refuser d'en reconnaître l'action. Qu'on considère un végétal pendant sa croissance, pourrait-on en assigner une partie quelconque où ces trois facultés ne concourent à la produire, à la conserver? Il faudra toujours choisir dans la sève les élémens qui constituent cette partie, les conformer selon leurs propriétés inhérentes, et l'usage de cette partie relativement au but final de l'être; enfin, il faudra admettre une force qui surmonte l'adhésion des molécules pour l'accroissement, en tout sens, de l'individu végétant. On s'y prendra comme on voudra; il faudra toujours revenir là, si l'on convient du principe fondamental: toute forme suppose une force, etc. Les anciens mythologues enseignaient que Pan était le dieu des forêts, et que des divinités subalternes qui reconnaissaient Pan pour leur père, animaient les arbres et les plantes. Ceux qui voudront réfléchir sur la comparaison que j'ai faite des couleurs de la lumière avec les puissances de l'ame universelle, seront frappés de la profondeur de cette doctrine, et pourront découvrir la base de bien des opinions antiques qui nous paraissent ridicules.

Mais, malgré les brillans phénomènes de la vie que les végétaux étalent à nos regards, ils ne sauraient prétendre à l'honneur d'une existence propre. Nous ne voyons en eux qu'un organisme dont les propriétés matérielles qui le rendent sensible, ne sauraient être la cause (1), et dont les fonctions se proposent un but étranger à l'individu ; car le germe, résultat de l'organisme complet et de ses

(1) En effet, s'il en pouvait être autrement, les chimistes qui parviendraient à saisir tous les élémens matériels d'une plante, et la quantité de chacun d'eux, pourraient dire qu'ils tiennent un végétal, en présentant ses élémens matériels constitutifs, et le reproduire, en les soumettant à certaines manipulations artificielles. Cela est, sans doute, hors de leur puissance. La chimie analytique n'opère que sur des cadavres, et ne fait qu'accélérer des décompositions que les facultés électives de l'ame universelle exécutent avec le temps et des moyens qui lui sont propres. Autre chose est les propriétés des êtres considérés comme corps; autre chose, la fusion de ces propriétés dans un certain ordre harmonique qui se propose d'offrir dans un fruit des propriétés combinées et mélangées sous une espèce d'unité homogène.

élaborations diverses, a un destin indépendant de celui de la plante dont il sort. Leur être n'est que le reflet d'une conception divine; leurs parties organiques, se développant successivement sous la direction de l'ame universelle, sont, chacune à part, but avant leur naissance, et moyen après; les racines et le radicule deviennent les filières élaboratrices de la feuille; ces trois organes, à leur tour, absorbent dans la sève, pour leur nourriture et par leurs émanations, les élémens inutiles à la fleur; celle-ci en fait autant par sa croissance, et par la filière qu'elle laisse après sa chute, pour le fruit qui la suit, et ce dernier pour le germe. L'expérience démontre la vérité de cette explication; car les feuilles, les fleurs, les fruits, indépendamment du germe, ne fournissent-ils pas des émanations différentes, n'affectent-ils pas diversement le goût, quoique ces parties appartiennent au même individu?

Instrumens passifs des desseins du Créateur, les végétaux, considérés dans leurs parties et dans leur ensemble, ne sont que des filières pour élaborer la matière, et combiner ses propriétés, de manière à fournir l'existence physique du règne animal. Chez eux, les qualités de leurs produits seraient toujours les mêmes, et dépendraient fatalement de la conformation de leurs filières élaboratrices, si la puissance de l'homme n'en pouvait modifier la contexture par des moyens que lui enseigne la science; car l'ame universelle, agissant constamment et uniformément, réfléchirait toujours, par ses facultés électives dans les propriétés matérielles qui leur sont relatives, l'archétype qui correspond au nombre et à l'intensité de ces facultés. Que les lecteurs remarquent bien cette observation; elle doit les conduire à concevoir comment le fluide nerveux, produit du systême viscéral, peut dépendre, en grande partie, pour ses propriétés vitales, de la moralité de la volonté : car l'homme, doué du pouvoir d'imprimer le mouvement à son corps, peut, par les impressions désordonnées des passions violentes, produire des changemens sensibles aux formes organiques élaboratrices, et combattre par-là l'action calme et uniforme des puissances de l'ame universelle qui activent ces organes dans leurs fonctions. L'opposé de cet état est aisé à comprendre.

Que de merveilles qui méritent de nous arrêter, je dois passer sous silence, si je ne veux pas franchir les bornes prescrites ! Dans la diversité des goûts des animaux pour les plantes et leurs parties, dont ils se partagent la substance, le naturaliste admire la sage économie du Créateur, qui a pu multiplier, par ce moyen, le nombre des espèces vivantes. Dans les émanations et les absorptions des végétaux en activité de croissance, la physiologie végétale découvre la souree précieuse de la vie respirable; mais c'est à la philosophie de signaler les causes secrètes de ces phénomènes. Cette tâche est étroitement liée à notre sujet. Essayons, sinon de la remplir, du moins d'en faciliter l'exécution aux hommes méditatifs.

Les végétaux réfléchissent dans leur organisme varié les conceptions archétypiques du Créateur, et, dans leurs propriétés matérielles, le nombre de ses facultés électives qui ont opéré sous sa direction intelligente pour la formation de chaque individu, image de l'archétype de son espèce. Mais quel est le but de ce travail? Le règne animal. Comment peut-il y avoir de l'affinité entre les propriétés des végétaux et les besoins des animaux? Quelle science secrète fait connaître à ces derniers la nourriture qui leur convient? Le peuple dit pour résoudre la seconde question : c'est l'instinct, et ce mot renferme implicitement la question qui le provoque ; les savans, pour répondre à toutes deux à la fois, disent : c'est l'organisation, et ils ne font que reculer la difficulté ; car, comment une organisation éprouverait-elle un besoin, et déterminerait-elle un choix? Les corps des animaux, ainsi que les végétaux, ne sont que des machines élaboratrices. De quoi sont-ils composés? D'un organisme indépendant, quant à sa conception et à son but, de la matière qui le rend sensible, et d'élémens matériels, dont les propriétés se trouvent combinées et disposées avec tant d'art, qu'elles peuvent, en s'unissant au jeu complet de l'organisme, extraire de certaines substances, d'abord leur nourriture, et enfin une liqueur, un fluide, dont les qualités constituantes ne pouvaient se réunir ainsi qu'au moyen de cette organisation. Une fois qu'elle est déterminée, on comprendra bien que certaines substances ont des propriétés telles, que, si on les soumettait à son action, elles agiraient assez puissamment sur la matière de l'organisation pour neutraliser ou vaincre les forces de l'ame universelle qui font le nœud de l'organisme et de ses élémens matériels ; mais de là au sentiment d'un besoin, et au choix des alimens qui y correspondent, se trouve un abîme immense que rien de physique, rien de mécanique ne saurait combler.

La vie propre en est seule capable, et c'est ce qui distingue les animaux des végétaux. Ceux-ci ne sont que des reflets de sa puissance ; l'animal la possède elle-même. Il faut entendre par *vie propre* les facultés de sentir, d'élire au dehors, et de se mouvoir, comme constituant une unité indivisible, et se réfléchissant ainsi dans la volonté toujours une, toujours relative, dans ses déterminations, à l'état des trois facultés de son principe. Depuis l'animalcule invisible à l'œil mortel, jusqu'à l'homme, ces facultés de la vie propre déploient leurs puissances dans une gradation admirable.

Les êtres qui composent cette échelle brillante de la vie absolue, manifestable ici-bas, réfléchissent en eux l'Etre-Suprême dans le rapport du nombre et de l'énergie de leurs facultés essentielles en exercice. A mesure qu'ils s'épanouissent à son influence, il infuse dans leur sein une force qui leur fait éprouver des mutations salutaires. La faculté d'élire au dehors peut être considérée comme le centre par lequel il pénètre. D'abord, principe irréfléchi et conservateur de l'état actuel de la vie, il s'éclaire des passions de la sensibilité, des effets du mouvement, et s'élève, par échelon, à l'intelligence et à la moralité. Comme ces êtres participent actuellement à l'essence de l'ame universelle, et qu'ils entrent comme parties actives et intégrantes du but final de la création physique, tous les produits de la nature élémentaire ont été coordonnés pour eux. A tel état intérieur des facultés de la vie, répondent tel besoin et telle éducation : ces deux principes d'imperfection déterminent et constituent telle organisation, par l'adjuvance des puissances divines y relatives; et cette organisation est faite pour extraire des produits que ces mêmes puissances ont fait naître dans la nature élémentaire, l'aliment propre au besoin de l'être. Tant que sa volonté individuelle harmonise avec les puissances suprêmes qui combinent les propriétés matérielles de ses alimens, et qui président à la conservation et au développement de l'organisation qui circonscrit son mode d'agir, l'être jouit de la santé et du bonheur, parce qu'il marche vers son but. Chez les animaux, cette coïncidence est d'autant plus irrésistible, que la faculté d'élire au dehors s'éloigne davantage du terme glorieux qu'elle doit atteindre à travers mille fatigues et mille dangers.

Telle est l'harmonie de l'univers organique. Chaque être y trouve un archétype relatif à l'état intérieur des facultés de sa vie propre ; en se renfermant dans les circonstances qui doivent le réaliser, il s'harmonise avec les puissances correspondantes de l'ame universelle, et avec les produits relatifs qu'elles enfantent dans la nature élémentaire. Voilà la cause profonde de l'instinct. Pour la bien comprendre, il suffit de méditer sur cette loi que l'univers physique et intelligible manifeste partout : les homogènes s'attirent. Dans les corps, ce sont les facultés électives de l'ame du monde qui produisent ce phénomène. Dans les êtres vivans, c'est la mutualité des rapports que fournissent actuellement les facultés de la vie propre. Plus cette mutualité est étendue, plus les volontés sympathisent et s'identifient ; car la volonté réfléchit dans ses actes l'état intérieur de son principe. Mais les êtres de cette cathégorie émanent du grand Être ; ils en sont pénétrés dans leur essence, et le reconnaissent dans les produits élémentaires, où il réfléchit son image dans un rapport appréciable à leur état intérieur.

Plus les facultés de la vie d'un être présentent une plus grande mutualité de rapports avec celles de l'Etre-Suprême, plus l'organisation qui lui est relative se complique et s'ennoblit, plus sa sphère d'activité prend d'amplitude, plus sa puissance s'accroît. Un des plus précieux avantages de l'organisation, c'est d'isoler l'être qui en est revêtu; c'est-à-dire, de l'affranchir des influences étrangères et individuelles qui pourraient contraindre sa volonté par la force, et qui dérangeraient l'ordre successif des développemens des facultés de la vie. Renfermé dans un corps analogue à son état animique, l'être n'aperçoit l'univers, ne communique avec l'ame universelle qui l'anime et le gouverne, que dans les rapports à son état, et peut recueillir de cette coïncidence les fruits et l'instruction qui assurent sa marche progressive.

Mais les facultés de la vie reçoivent, dans l'organisation de l'homme, des moyens précieux pour atteindre à leur parfait développement, si la volonté veut en profiter. Cet être forme à lui seul un règne à part, dont le caractère distinctif est de juger ses actions hors du *moi* individuel, et de réfléchir sur ses facultés et leurs opérations. Ces deux prérogatives sont la source de sa royauté sur les êtres qui l'environnent, et les moyens qu'il doit employer pour parvenir à la perfection de son être. A la première, se rattachent la moralité et le principe des opinions religieuses; de la seconde, découlent la puissance d'abstraire, le langage, la logique, la dialectique, et toutes les sciences mixtes qui dépendent du concours de la sensibilité et de l'intellect. Quant à ces dernières sciences, leur existence prouve que les puissances de l'ame universelle, qui activent l'univers organique dans tous ses degrés, opèrent dans l'organisation de l'homme, afin de la rendre un miroir où la sensibilité découvre leurs modes d'agir à l'intellect, et qu'elles dépendent d'un principe immuable et co-essentiel à cet intellect qui les conçoit. S'il en était autrement, où l'homme puiserait-il cette puissance d'extraire, des affections fugitives de la sensibilité, les principes permanens de la science? Comment ensuite, s'appuyant sur eux, pourrait-il connaître *à priori* les conséquences d'un premier phénomène, en supposant qu'il sait les circonstances où la force qui le produit doit se déployer? S'il existait un être totalement étranger à notre essence, il nous resterait lui et ses modes d'être éternellement ignorés; car par où nous serait-il accessible? Toute connaissance, même confuse, d'une chose qui n'est pas *moi*, suppose des rapports actuels assignables entre cette chose et moi. Que je puisse, ou non, les désigner, il n'importe. Ce principe est irrécusable; si nous en sortions, il faudrait admettre une absurdité révoltante: qu'il y a un négatif absolu de l'existence capable d'être connu.

Nous devons donc reconnaître la co-essentialité de toute vie individuelle, et surtout de l'homme avec l'Etre-Suprême. Les archétypes de l'organisme universel, réalisés dans la nature élémentaire, constituent les organisations; elles sont faites par et pour les puissances diverses de la vie absolue; car pour quel but plus sublime que lui-même, et les êtres qui participent à son essence, le Créateur aurait-il pu les destiner ? Chacune d'elles répond à un état distinct de la vie ; ses fonctions dépendent des puissances de l'ame universelle relatives à cet état, à cette organisation, au but ascendant de l'individu qui se trouve dans le premier, et profite de l'autre. En classant les êtres par leur ressemblance plus ou moins approximative du Créateur, l'homme est à la tête des êtres vivans, puisque lui seul parvient à comprendre l'existence de Dieu : ce qui suppose des rapports actuels entre Dieu et lui, non-seulement assignables, mais assignés.

En lui se manifeste le principe du plus brillant développement de la vie ; il tend à se connaître et à profiter des secours de la nature entière, pour étendre ses rapports avec son principe. Son organisation elle-même, et les puissances qui en activent les fonctions, doivent tendre uniquement vers ce but. Mais si l'homme individuel, méconnaissant ses destinées, ne veut juger ses actions que relativement à son *moi* présent, la sphère de ses lumières se rétrécit par l'absence des sentimens nobles qui sont toujours généraux. La cupidité et l'orgueil, suivis de leur triste cortége, s'emparent de son ame, et le précipitent dans des maux incalculables. S'il se trouve dans ce cortége hideux, l'ignorance des principes généraux du monde physique et social, les maux physiques et sociaux frappent l'individu ; s'il connaît ces principes, et qu'il s'y subordonne pour son intérêt temporel, sa science se borne là. Il se ferme les cieux ; et souvent même la cupidité et l'orgueil, conducteurs aveugles, auxquels il a vendu sa liberté, étouffent la voix de la prudence, pour satisfaire une passion favorite, et accélèrent les vicissitudes de la fortune, auxquelles nulle prudence ne peut soustraire, et qui, chez le méchant, dévoilent à ses yeux sa double misère. Dans l'un et l'autre cas, il rompt la triple harmonie de son état d'homme, de son organisation, et des puissances qui en activent les fonctions : il déchoit. Cette déchéance se fait sentir plus ou moins rapidement dans l'organisation. Mais à quoi sert alors la santé du corps ? A sa propre végétation, et à ensemencer des malheurs futurs d'autant plus cruels, que l'ame s'identifie davantage avec les vices tyranniques. Mais quel est le méchant qui reste un jour entier sans troubler le jeu calme et uniforme des puissances de l'ame universelle, par lesquelles son organisation est animée ? Quand il aurait appris à ne plus *rougir*, il est toujours passionné. Les passions sont aveugles, turbulentes ; elles luttent contre l'ordre général, et il les dépouille des forces qu'il leur avait données.

Pour l'homme qui sent et respecte sa dignité, il peut accroître indéfiniment sa puissance par la vertu, et s'aider de ses faveurs pour étendre ses lumières. En obéissant au dictamen de sa conscience, il détruit l'individualité et ses funestes prestiges ; il s'harmonise avec toutes les puissances du règne où il est compris, et en recueille les avantages; il connaît sa place, ses devoirs, ses droits;

il apprend que l'accomplissement d'un nouveau devoir engendre un droit, qu'un droit acquis impose un autre devoir, et il découvre dans cet ordre immuable la raison et la récompense de ses efforts. En travaillant à maîtriser ses passions, il s'instruit de leur langage, de leurs forces, de leurs plus captieux détours, et les hommes se déguisent en vain à ses yeux. Amant de la vérité, il cherche à la connaître pour son propre bonheur, et sa philantropie le stimule encore dans ce projet : car il sent que, pour se rendre plus utile, il faut savoir. Et qui mieux que lui peut y réussir ? Il est désintéressé, calme, ferme, patient. Son ame, en harmonie avec les puissances de l'ame universelle qui activent les fonctions de son organisme, en calcule les effets, sans les troubler, et en jouit. Des effets, il peut remonter aux causes, dont les principes résident dans son intellect, co-essentiel avec Dieu. Quelle influence salutaire exercerait sur lui-même et sur les autres un homme qui s'avancerait graduellement, en subordonnant toujours la science à la vertu dans ses déterminations, et en éclairant et guidant par son savoir la vertu opérante ! Par son intellect, il parviendrait à connaître le génie de son siècle, ses maladies et leurs remèdes ; il réfléchirait en lui l'Être-Suprême, qui lui enseignerait les forces universelles qui peuvent le seconder, le mode de s'en servir, et les circonstances opportunes. Dans son organisation, il trouverait un instrument propre à déterminer vers un but ou un être particulier, l'action de telle ou telle des puissances universelles qui animent l'organisme général. C'est pour lui que la volonté est efficace, parce que la sienne et celle de Dieu se confondent.

Tel est le comble de la perfection, tel est le vrai théosophe. Tous ceux qui s'efforcent d'obéir à la voix de leur conscience, se dirigent vers ce but glorieux. Ils en sont d'autant plus près, qu'ils ont été plus rigides à observer leurs devoirs, plus soigneux à approfondir la nature des passions qu'ils veulent subjuguer, à réfléchir sur leurs facultés et leurs opérations. A la vertu qui respecte l'harmonie établie, Dieu donne la puissance; le savoir en centuple les effets, en assignant les canaux par où elle doit couler. Le Nil fertilisait les terres qu'il couvrait de ses eaux débordées; l'égyptien savant et industrieux ouvrit mille chemins à ce fleuve unique, et l'abondance courut, sur ses pas, prodiguer ses trésors aux provinces lointaines.

Pour conduire l'esprit de ces réflexions générales aux dangers du magnétisme, qu'il serait funeste de divulguer, que les lecteurs se donnent la peine d'approfondir et d'étendre les principes suivans: Tous les hommes se ressemblent, quant à l'essence : c'est pourquoi ils peuvent s'entendre; mais ils diffèrent par la vertu et le savoir. Toute influence suppose, dans celui qui l'exerce, sur celui qui l'éprouve, une supériorité réelle; elle ne peut provenir que de ce qui est susceptible de graduations. Les caractères d'une influence quelconque doivent donc dépendre de la vertu et du savoir purs et sans mélange, ou mêlés de leurs contraires : vertu et ignorance, vice et savoir. L'individu n'a de pouvoir indépendant que sur l'état intérieur des facultés de sa vie propre ; dans ses actions, qui le manifestent, il n'est que le représentant d'un principe universel qui opère par lui, et dont il ne peut s'affranchir, sans perdre les forces qu'il en reçoit, et sans rentrer dans un autre état. Mais ici comme là, la même dépendance l'atteint.

Un homme qu'on transporterait subitement dans un rang élevé et inconnu, ne s'y montrerait que pour commettre des fautes réitérées, et pour faire une chute déplorable : il aurait fallu l'y préparer, en le faisant passer successivement par les nombreux degrés qui l'en séparaient.

Chez les individus, l'organisation native harmonise avec l'état intérieur, et, par conséquent, diffère. Faite pour isoler l'être qui en est revêtu, elle le met en rapport avec l'ame universelle, ses produits et les autres êtres, de la manière la plus avantageuse pour ses destinées, et pour défendre, contre sa perversité et son ignorance, l'harmonie des choses. Le magnétisme rompt cet isolement, pour établir des rapports nouveaux et insolites. Qu'on calcule toutes les chances, qu'on examine avec qui l'on ose rivaliser, et l'on verra si les dangers du magnétisme, dont nous allons parler, peuvent souffrir le parallèle avec ceux-là.

CHAPITRE IV.

Sur les Dangers du Magnétisme.

Les hommes se ressemblent essentiellement par leur organisation comme par leur ame; mais la première, faite pour servir celle-ci dans le but final de son existence terrestre, ne vit que pour exécuter les volontés de sa souveraine, et pour lui en réfléchir les résultats : aussi présente-t-elle les caractères de sa dépendance dans les différences extérieures et intérieures qui constituent l'individualité physique. Tout effet a une cause. Or, les puissances de l'ame universelle, qui président à la formation de l'organisme humain, qui le développent, et en activent les fonctions, sont constantes, immuables; elles se réfléchiraient donc toujours avec ces attributs, si une puissance intérieure et distincte d'elles ne modifiait leur travail uniforme.

Je sais qu'on pourrait faire dépendre plusieurs de ces différences, de causes purement physiques; mais qui prétendra en assigner de cette nature pour les dispositions organiques natives (1)? Et à

(1) Les partisans du fatalisme préconisent les découvertes des docteurs Gall et Spurzheim, parce qu'ils les croient favo-

quoi attribuerons-nous la physionomie, et l'habitude interne des organes qui la déterminent? Mais

---

rables à leur doctrine; mais il est bon de prémunir ceux qu'ils voudraient et pourraient séduire, en offrant ici quelques observations générales.

Pour établir l'existence de la phrænologie par des preuves positives, ces deux docteurs ne durent choisir que des sujets dont les passions, les facultés prédominantes, et établies par des faits incontestables, pussent les diriger dans leurs recherches, et asseoir l'opinion publique; et c'est la marche qu'ils ont suivie. Mais le développement prédominant des organes relatifs au penchant moral, à la célébrité intellectuelle qui distinguèrent ces personnes, a-t-il précédé la fréquence des actes et la culture, ou bien doit-il reconnaître cette fréquence, cette culture pour sa cause efficiente? Cette question majeure mérite d'être résolue sous tous ses aspects, et doit réduire la phrænologie dans ses limites naturelles. Déjà des personnes éclairées et amies de la science et de la morale m'ont communiqué des observations particulières qui s'accordent avec les conséquences d'une raison rigide.

En admettant la pluralité des organes pour répondre aux manifestations d'un être conscient de son unité, dans laquelle que ce soit des trois facultés de sa vie propre où il se porte, sa liberté de choisir est garantie; car il peut opposer la force collective de ses facultés aux instigations d'un organe éminemment développé, mais seul. Si, malgré toute la tyrannie de certains organes, l'homme peut déterminer l'usage des organes contraires (et personne ne contestera ce pouvoir, quelque faible qu'on le suppose), pourquoi ce qu'il fait une fois, ne le répéterait-il pas mille? Pourquoi? Dans les passions morales, je soutiens que le manque de persévérance dépend des motifs moraux qui la soutiendraient pour vaincre la puissance des

ce que le visage nous permet de connaître, l'intérieur l'attesterait aussi clairement, si nos yeux pouvaient le remarquer. Les perturbations de l'ame, telles que la colère, la peur, les prestiges d'une imagination désordonnée, répandent un trouble sensible dans les fonctions du système viscéral. Pourquoi ces impressions, souvent réitérées, ne feraient-elles pas contracter une habitude physionomique aux nerfs internes, et ne modifieraient-elles pas la qualité des fluides élaborés par les viscères qui semblent en recevoir les coups? Rien ne me porte à rejeter cette opinion. J'en suis si partisan, et je la crois si vraie, que s'il y avait deux hommes qui possé-

---

principes antérieurement reçus. L'indifférence pour les principes est elle-même un système, si ce n'est un résultat de l'éducation négative de l'enfance. L'homme pense plus ou moins. Pour l'intelligence, il y a sans doute des dispositions organiques natives ; elles peuvent favoriser ou combattre les efforts de l'être dans la culture des sciences et des arts ; mais la fortune, l'éducation, le hasard, le développement graduel de l'organisme, n'ont pas besoin de se réunir pour les neutraliser, ni même pour les vaincre. Démosthène et Socrate sont des exemples de ce que peut la volonté contre les obstacles de l'organisation. L'usage fréquent d'un organe le développe, le fortifie, et *vice versâ*. Observons, en outre, que les organes de l'intelligence et des passions purement animiques s'exercent exclusivement dès l'enfance jusqu'à la puberté, et que, pendant cette période, ils sont très-aptes à recevoir une consistance et une habitude avantageuses : que l'éducation profite de ces données de la nature, et tout sera dans l'ordre et dans le bien.

dassent actuellement dans toutes ses parties une organisation identiquement analogue et harmonique, j'entreprendrais de prouver qu'ils ne la devraient qu'à l'identité parfaite du développement des trois facultés de la vie propre.

Nous admettons donc que les hommes se ressemblent essentiellement par leur organisation comme par leur ame, et que les différences fixées qui constituent l'individualité physique, dépendent de l'action de l'ame sur l'organisation, et correspondent à l'état intérieur de ses facultés. C'est de ces deux principes que découle la sociabilité. Ils donnent naissance à un autre non moins évident, et qui dépend de la loi universelle des affinités : c'est l'influence mutuelle et réciproque que l'homme peut exercer sur son semblable par le corps sur le corps, et par celui-ci sur l'ame, et par l'ame sur l'ame, et par celle-ci sur le corps.

Nous pouvons nous convaincre de l'influence du corps sur les corps par les maladies contagieuses. Ce n'est pas par un beau côté qu'elle est évidente pour tout le monde; mais l'analogie peut conduire sans effort à des résultats plus satisfaisans : car, si les effluves d'un malade inoculent sa maladie à une personne en santé, pourquoi, dans certains cas, les effluves de celle-ci ne seraient-elles pas salutaires ? Je conviens que cela n'est pas sans réplique : ce qui sort du corps de cette manière est toujours excrémentiel. Quant aux effets de cette influence corporelle sur l'ame, ils dépendent de la réaction du corps sur l'ame qui en est revêtue.

Le pouvoir de l'ame sur les ames est plus sensible; les preuves s'accumulent autour de nous. La société, le langage, le progrès des sciences et des arts la supposent; les sciences logiques la démontrent; les prodiges de l'éloquence, les charmes vainqueurs de la musique, l'entraînement de l'exemple attestent l'influence d'une ame sublime dans l'une de ces parties sur les ames capables de la comprendre, et par elles sur les corps qu'elles animent.

Le magnétisme animal repose sur cette triple base: ressemblance essentielle pour l'organisation et pour l'ame; suprématie de celle-ci sur la première; influence mutuelle et réciproque de ces deux parties de l'homme. Mais le magnétiseur atteint les principes mêmes de cette chaîne sympathique, et les force de répondre à sa volonté dans toute l'étendue de ses droits habituels sur eux; son influence sur un malade se calcule d'après sa supériorité dans les principes d'où ils tirent tous deux leur vie intellectuelle et physique.

On voit par-là que le mot *magnétisme*, dans l'acception détournée qu'il présente à notre esprit, ne saurait convenir, et qu'il faudrait le remplacer par celui de *sympathisme;* car ses effets dépendent de la mutualité des rapports qui existent entre les trois facultés de la vie du magnétiseur et du magnétisé, et de leur état relatif avec l'ame universelle qui les pénètre. Cependant l'usage et la pensée profonde que réveille le mot *magnétisme*, considéré dans sa racine éloignée, contribueront à le maintenir (1).

Les effets du sympathisme, comme moyen de guérison, seront d'autant plus prodigieux et plus salutaires, que le magnétiseur, remplissant la tâche de l'existence, sera un homme puissant par ses vertus et son savoir, et que le malade, l'investissant d'un respect profond et d'une confiance religieuse, s'épanouira davantage à son *influence*, et s'abandonnera à son impulsion. Je n'entends pas pour cela établir que le méchant et l'ignorant

---

(1) Les Grecs appelaient l'aimant Μάγνης λίθος; ce n'était que pour abréger, qu'ils employaient seul le mot Μάγνης. Or, Μάγνης λίθος signifient littéralement la pierre du fluide, de l'effluve ou de l'esprit magique. Le mot Μάγνης est formé de deux mots phéniciens מג־נז (*mag-naz*). Le premier מג est fort connu pour avoir signifié dans tout l'Orient un pontife, un prêtre, un mage, un homme elevé en dignité de puissance et de savoir; et de là viennent les mots grecs et latins μάγος, *magus*, et μέγας, *magnus*.

Le second mot נז (*naz*) sort d'une racine qui caractérise, en hebreu et en arabe, tout ce qui flue, tout ce qui fait sentir son influence au dehors : de là vient le mot grec Νοός, l'esprit, l'intelligence, l'âme. Le mot *magnétisme* signifie donc exactement *l'influence magique* de l'esprit. Mais quand Mesmer donna ce nom aux phénomènes qu'il reproduisit chez les modernes, il en ignorait la signification; des similitudes illusoires avec l'aimant l'avaient déterminé à le choisir : il ne songeait pas sans doute au sens radical qui rend ce mot si expressif.

ne puissent obtenir des effets surprenans : non ; mais il faut se ressouvenir que la confiance et l'abandon sont nécessaires chez le malade, et que le magnétiseur opère selon son intérieur. Cela mérite attention.

Le magnétisme s'administre corporellement, intellectuellement et d'une manière mixte. Je ne dirai rien sur le magnétisme intellectuel ; ceux qui voudraient le pratiquer sans titres valables, pourraient commettre de grandes fautes envers les autres, et s'exposeraient trop eux-mêmes. Il faut les ménager, ils sont hommes. Venons au sympathisme corporel.

Quand deux personnes sympathisent de caractère et de mœurs, la physionomie interne et la marche des viscères sont à peu près les mêmes; ils font éprouver par leur impulsion propre les mêmes modifications au travail et au produit des puissances de l'âme universelle, qui activent le système viscéral, et président à l'assimilation et à la désassimilation chimiques, nécessaires à la nutrition : de là, un chyle, un sang artériel et un fluide nerveux à peu près homogènes. Que chez l'un de ces individus, des causes morbifiques viennent répandre le trouble dans les viscères ; ils ne fourniront plus assez de fluide nerveux, ou il sera dépouillé de ses qualités réparatrices. Cela arrivera dans deux cas : 1°. par le manque d'harmonie d'un viscère, d'un système de viscères avec l'état actif des autres; 2°. par une atonie ou une énergie insolite et générale. Que faut-il pour rétablir l'harmonie rompue? Rendre aux viscères leur première contractilité organique, en les abreuvant d'un fluide homogène à celui qu'ils élaboraient, et en leur imprimant une impulsion qui lui est corrélative. C'est ce que le magnétiseur sympathique au malade pourra effectuer, si celui-ci, confiant et docile, renonce à prendre une part volontaire au jeu de ses fonctions organiques (1) : car alors le magnétiseur n'a plus qu'à pénétrer de son impulsion virtuelle un corps vivant et passif. Les puissances de l'ame universelle le favorisent pour établir la communication sympathique; car elles agissent dans les deux corps, mais de manière pourtant à procurer des forces supérieures au magnétiseur, et à lui donner l'initiative. De là, son pouvoir d'accroître, d'affaiblir, de régulariser l'action des puissances de l'organisme dans le corps du malade. S'il sait modifier, selon le besoin, la rapidité du fluide nerveux, depuis le calme réfléchi de l'ame jusqu'à la véhémence de la passion, en parcourant les degrés de cette échelle, il saisira celui où les viscères du malade vibreront à l'unisson des siens; et une heure d'un sympathisme corporel aussi parfait aurait des résultats très-salutaires : le somnambulisme en serait une suite inévitable.

C'est surtout ce mode d'émettre le fluide ner-

(1) Cet abandon n'est pas toujours nécessaire dans le magnétisme corporel; mais il est toujours utile.

veux que les magnétiseurs devraient étudier. De lui dependent le pouvoir et le caractère des effets magnétiques. Si ce mode, dont les nuances d'intensité sont si fugitives, et ne se révèlent qu'à un tact délicat et savant, contrariait les circonstances, il produirait des crispations nerveuses, des refoulemens dans la circulation des fluides, des spasmes, etc., et aggraverait pour le moins le désordre des fonctions, en frappant les viscères. Les personnes qui se mêlent de magnétiser, sans connaître l'étendue des ravages qui accompagnent un mode d'impulsion intempestif, devràient, par humanité, s'abstenir de soigner les maladies aiguës. Là, les forces délirantes de la circulation recevraient une nouvelle énergie par le fluide nerveux, alors qu'elles ont besoin d'être affaiblies. Un magnétiseur instruit, habile et énergique, peut, il est vrai, les abattre d'un coup imprévu, qui les lui soumette, et se servir de ce premier succès pour régulariser leur action; mais ce coup d'autorité, nécessaire pour rendre le magnétisme utile dans ces maladies, est trop périlleux pour qu'on l'approuve : il peut suspendre la circulation, et causer la mort. Or, quel malade sera assez bourreau de lui-même pour devenir le sujet d'une pareille expérience, entre les mains d'un apprenti ignorant? Comme on pourrait la tenter sans l'avertir, je dois prévenir le public. Je me serais tu pourtant à cet égard, si je n'avais appris que certains magnétiseurs se glorifiaient devant des novices des succès qu'ils avaient obtenus par ce moyen, d'ailleurs peu senti ; car, en parlant de cet effet, je puis inspirer la curiosité de le tenter; et la tentative, invisible aux yeux du corps, ne laisserait à son auteur que des remords secrets. L'ensemble de la doctrine que j'expose, renferme implicitement les principes de cette classe de phénomènes. On a imprimé des cures opérées par le somnambulisme, où le public peut voir des phénomènes analogues : la crainte, l'effroi soudain du magnétiseur ont suffi pour les occasionner. Or, l'ame agissante durant ces passions est bien faible en comparaison de la volition dont j'ai voulu parler.

Le mode d'émettre le fluide nerveux est plus simple, plus naturel dans les maladies qui proviennent d'une atonie partielle ou générale. Ce magnétisme corporel, qui ne cause qu'un assoupissement, une circulation plus facile, abstraction faite des vices du fluide, n'est pas dangereux pour celui qui l'éprouve ; mais les fruits qu'il en recueillera ne vaudront pas toujours ce qu'ils coûtent au magnétiseur. Cependant tout change de face, si le somnambulisme se présente. Que ceux qui ne se sentent pas assez forts pour conjurer, par le calme de l'ame, par une fermeté stoïque, les scènes douloureuses d'une crise somnambulique, ne s'engagent jamais à sympathiser personne. Les perturbations de leur ame, l'irrésolution de leur volonté n'imprimant que des mouvemens désordonnés à leur organisation, les feraient retentir dans celle du malade somnambule ; et ces désordres, combattant la crise salutaire qu'ils auraient déterminée, seraient capables de tout bouleverser, etde rendre le mal irréparable. Il faut voir souffrir, sans se déconcerter : le sang froid est alors nécessaire pour observer et reconnaître où tendent les efforts de la nature, pour seconder ceux-ci, ralentir ceux-là, et combiner les forces du malade et les siennes pour un coup décisif. Ces observations font comprendre combien peu de gens peuvent sympathiser ; mais elles supposent tant de sagesse et de lumières, qu'on trouvera plus facile de soutenir qu'elles sont inutiles avec un bon somnambule. Avec un bon, cela est vrai ; mais s'il s'en présente un, on n'aura rien fait pour l'avoir, et l'on fait mille sottises pour le désorganiser : l'ignorance, la faiblesse, la curiosité l'assiègent impitoyablement.

En réfléchissant aux qualités qu'un magnétiseur doit réunir pour éviter les dangers ci-dessus exposés, je ne puis concevoir comment des hommes éclairés et judicieux ont pu soutenir que les femmes sont aussi aptes que l'homme au ministère du magnétisme. Il y en a, sans doute, dont le caractère viril et l'instruction distinguée leur permettent de rivaliser avec nous sous plusieurs égards; mais ici le nombre en est plus petit que partout ailleurs. La plupart, et je ne parle que de celles dont la piété et l'éducation ont dirigé les penchans, la plupart sont très-sensibles, très-affectueuses ;

elles ne semblent éprouver la douceur de l'existence que quand elles peuvent répandre la joie, la consolation, l'espérance, dans les cœurs flétris par l'infortune. Prodiguer des soins qui charment la douleur, désarmer le pouvoir rigoureux prêt à sévir, voilà leur gloire : toutes les vertus modestes, toutes les qualités de la bienfaisance forment leur cortège, et elles en recueillent plutôt le prix dans notre amour que dans notre admiration. Mais cette sensibilité, dont les inspirations sont si ingénieuses pour adoucir dans le domestique les douleurs de la vie et les amertumes de la société et de la fortune, cette sensibilité s'oppose elle-même à ce qu'elles ajoutent aux bienfaits qui nous les rendent chères, celui du magnétisme. Dans les crises déchirantes qu'il peut occasionner, les plus courageuses ne seraient pas maîtresses d'elles-mêmes. Leur imagination s'exalte, leur regard étudie la douleur, pour prendre courage, ou se désespérer, selon ses variations; et alors qu'elles devraient maîtriser le magnétisé, ses souffrances les bouleversent, et leur agitation aggrave son mal : plus leur intérêt est vif pour le malade, plus leur action est nuisible.

D'ailleurs, notre amour pour elles doit les prémunir contre les impulsions irréfléchies de leur humanité. Elles sont d'une constitution plus faible que nous : le magnétisme, en prodiguant le fluide nerveux, les épuiserait bientôt, et ne leur laisserait plus la force de remplir des devoirs sacrés. La grossesse et ses suites, l'allaitement, les vicissitudes périodiques auxquelles leur santé est attachée, les maux qui accompagnent presque toujours le temps où la fécondité les abandonne, sont des états qui réclament toutes les forces que la nature fournit : si elles magnétisaient dans l'un de ces états qui se succèdent et partagent leur vie, elles se rendraient quelquefois coupables, et exposeraient toujours leur santé; trésor inappréciable pour tous les membres d'une famille qu'elles rendent heureux par leur amour.

Quant aux jugemens de la malignité sur les motifs qui détermineraient une femme à magnétiser, même l'ami de son mari, quelqu'injustes que soient ces jugemens, je soutiens qu'il ne faut pas les mépriser. Si, comme dit J.-J. Rousseau, « il importe » qu'une femme soit modeste, attentive, réservée, » qu'elle porte aux yeux d'autrui, comme en sa » propre conscience, le témoignage de sa vertu(1), » toutes les femmes s'abstiendront du magnétisme, autant par devoir que par intérêt et par humanité. Je ne parle pas des jeunes personnes ; jamais elles ne se détermineront à magnétiser un homme : ce serait une déclaration trop éclatante.

Mais quand elles sont malades, peuvent-elles recevoir, sans danger pour leur innocence, les soins d'un magnétiseur ? Cette question est difficile à ré-

(1) Emile, liv. V.

soudre. Avec de sages précautions, on pourrait éviter les suites d'un doux attachement, le magnétiseur fût-il un jeune homme passionné ; mais, en guérissant le corps, ce qui serait très-difficile dans ce cas, il peut rendre le cœur bien malade, et cela de deux manières. La première est simple : comment ne pas être sensible à des soins, à des peines prodigués avec tant de zèle, d'affection, d'aménité ? Le besoin d'obtenir la confiance utile à ses efforts, de tranquilliser la pudeur inquiète, rend le magnétiseur ingénieux en procédés délicats, en discours pleins de sentiment et de noblesse. Chez une jeune personne, dont le cœur virginal, encore muet, cherche avec une ingénue timidité un vainqueur dont les qualités légitiment son penchant, il est bien difficile qu'elle résiste au sentiment de l'estime et de la reconnaissance, et qu'elle n'en franchisse les étroites limites. La seconde tient à l'essence du magnétisme. Un jeune homme vertueux et assez profond avait une jeune somnambule : il voulut expérimenter ses découvertes rationnelles pour savoir si le magnétisme était dangereux ; et une nuit l'instruisit. La jeune personne, mise le lendemain en somnambulisme, était agitée ; sa physionomie peignait les embarras de la pudeur vaincue. A la question, comment avez-vous passé la nuit ? elle répondit avec l'accent du trouble et de la douleur : très-mal. Et surmontant sa timidité naturelle, elle fit des reproches sensibles à son magnétiseur, et le supplia de ne pas abuser de son pouvoir, s'il respectait sa vie. Je ne me suis pas permis de répéter cette expérience; il me suffit de savoir que cela et bien autre chose sont possibles. Il est vrai qu'on n'abuse pas impunément de ces moyens, et que ceux qui parviennent à atteindre jusque-là, sentent trop la criminalité qui peserait sur eux, pour n'en pas craindre les suites; car ils savent mieux que personne que Némésis ou la Providence atteint toujours les sacrilèges : mais souvent la passion ne nous aveugle-t-elle pas ?

Les opinions religieuses et les mœurs du magnétiseur doivent donc répondre de ses intentions auprès de ceux qui se soumettent à son influence. D'ailleurs, les qualités du fluide nerveux dépendent aussi bien de sa conduite morale que du régime qu'il observe, et de son tempérament. On doit comprendre aisément que le tempérament et les qualités de la nourriture modifient en bien ou en mal le fluide nerveux, et que ce fluide, extrait du sang par le cerveau, a des propriétés analogues à son principe, à l'état organique de l'appareil élaborateur, et à l'acte virtuel qui peut en accélérer les fonctions : mais qu'il faudrait de travail pour découvrir et fixer les règles de la diététique sympathique ! C'est cependant au moyen de cette science encore à naître, que les magnétiseurs apprendraient à connaître et à vaincre, ou du moins à affaiblir les obstacles que les tempéramens peuvent élever contre leur influence individuelle. Mais pour que l'existence et l'étude de cette diététique fussent possibles, li faudrait que les temples d'Esculape et d'Osiris se relevassent : le temps et la civilisation toujours croissans rendront peut-être nos neveux spectateurs de ce prodige.

En remplaçant ces lumières par une conduite sage et tempérante, les magnétiseurs seront irréprochables. Ils doivent surtout ne pas oublier que le devoir leur commande de s'abstenir, avant d'entreprendre, et durant un traitement sympathique, de tout commerce charnel, où ils pourraient craindre quelque danger. Si le virus circulait dans leur sang, avant qu'ils s'aperçussent chez eux de ses ravages, ils en auraient porté le germe chez leur malade. Un somnambule songerait sur le champ à se garantir, mais une seule séance suffirait pour rendre sa situation déplorable : car, dans cet état, la communication du magnétisé avec le magnétiseur est telle, qu'ils ne forment qu'un corps. Et que serait-ce, si le magnétisme n'était que corporel, et que le malade fût une jeune personne innocente, et se reposant sur sa vertu ? La justice réclamerait un aveu cruel de la part du coupable ; mais préviendrait-il les maux ? Quand de pareils accidens arriveraient, on les cacherait avec soin ; et s'il ne s'est pas élevé d'accusations semblables contre le magnétisme, c'est la preuve la plus honorable de la moralité de ceux qui s'en occupent. Mais combien n'est pas redoutable la propagation inconsidérée d'un tel agent, dans un siècle comme le nôtre !

Les dangers auxquels s'exposent les magnétiseurs

ne sont guères moins nombreux. Il est vrai que, supérieurs en force, et toujours dans une tension qui pousse le fluide nerveux et leurs effluves sur le malade, ils ont moins à craindre que celui-ci les vices morbifiques des émanations corporelles. Cependant, comme la communication est d'autant plus grande qu'ils agissent avec plus d'ardeur, s'ils ne jouissent pas d'une santé vigoureuse, si la contractilité organique des viscères ne répond pas à l'énergie de leur volonté, ils recevront le germe des maladies qu'ils veulent guérir. Ils ne peuvent éviter ces dangers qu'en refusant de traiter des personnes dont ils ne connaissent pas les mœurs, et qu'en se défendant, durant l'action sympathique, de tout relâchement volontaire, qui établirait l'équilibre d'influence, ou le romprait à leur désavantage. A ce dernier égard, ils n'ont rien à ajouter aux principes des magnétiseurs empiriques. Leur volonté ferme et constante, hors les cas du somnambulisme, où ils se soumettent trop souvent à la passibilité, les préserverait sûrement, si elle n'avait pas à craindre que les forces physiques ne répondissent pas toujours à son énergie. Mais si tout exercice fatigue le corps, combien plus celui-ci, où il faut prodiguer le plus précieux produit de l'organisme, et vouloir fortement ? Il y a de quoi abattre l'homme le plus vigoureux; et pourquoi obtenir ? Hors des phénomènes du somnambulisme, on produit quelquefois des effets salutaires, sans doute; mais combien de fois les attribue-t-on à toute autre cause qu'à vos efforts ? Presque toujours. On peut perdre plus utilement ses forces, sa santé et son temps.

Mais les phénomènes du somnambulisme, dira-t-on, récompensent bien des peines qu'on s'est données, quand ils vous servent à délivrer de ses maux un malheureux abandonné des médecins. J'ai éprouvé cette joie; et j'avoue qu'elle serait bien faite pour encourager contre les dégoûts de toute espèce dont on abreuve les magnétiseurs vertueux, si on pouvait la ressentir plus souvent. Cependant j'avouerai aussi que ma joie ne prenait pas directement sa source dans la guérison étonnante que j'opérais. En écoutant les leçons d'un philosophisme dédaigneux, et qui se glorifie de compter parmi ses sectateurs de grands noms et de beaux talens, j'avais su m'affranchir de certaines erreurs. Mais, ce bienfait, je l'avais payé par la perte de mon repos. Les principes d'un théisme pur et éclairé m'étaient toujours chers, parce que je les voyais comme la base indispensable et unique de la morale et de la félicité des individus et des nations : mais plus leur importance m'était démontrée, plus je me croyais obligé de connaître et de renverser les argumens qu'on avait poussés contre l'immortalité de l'ame et la Providence. Il est si facile de répandre des doutes sur des dogmes aussi profonds, d'obscurcir les vérités secondaires qui y conduisent, quand l'éloquence, s'adressant à la jeunesse, réveille les passions, et les flatte pour la séduire ! La vérité est faite pour l'homme ; dût-elle faire évanouir ses plus chères illusions, il la préfère à tout. Si Dieu n'était pas la vérité, on l'aimerait mieux que lui. C'est sur ce sentiment indestructible, que l'impiété même se repose souvent pour nous avilir et nous conduire à l'erreur. Orgueilleuse, elle nous taxe d'orgueil pour nous intimider. Par cela seul que les principes religieux faisaient épanouir mon cœur aux plus douces espérances, je m'en méfiais; et, avant de m'y attacher d'esprit comme de conduite, je voulais les voir sortir victorieux des assauts que lui livraient l'impiété savante et le scepticisme *dogmatique*. Cette tâche aurait peut-être épuisé mes forces ; mais je croyais à la vertu, et, quoique incrédule au magnétisme, les sentimens des personnes qui voulaient m'en convaincre, me touchèrent, et je tentai, comme par force, l'expérience. Le somnambulisme et ses plus brillans phénomènes se dévoilèrent à mes regards, et les ténèbres qui me dérobaient la pure clarté des cieux, se dissipèrent pour jamais. Voilà ce qui me parut d'un prix inestimable, ce qui me fit éprouver une joie d'autant plus vive, que la vérité ne faisait pas naître des remords douloureux, mais des actions de grâces, des bénédictions pour la divine Providence (1).

---

(1) Quoi ! s'écrieront les plaisans, les phénomènes du somnambulisme seraient-ils donc préférables aux bons ouvrages de la vraie philosophie, pour détruire les argumens d'Epicure,

Ces faveurs intellectuelles me pénétrèrent d'admiration pour le somnambulisme ; et je l'observai avec soin plusieurs fois, pour découvrir les avantages réels que l'humanité souffrante pouvait en retirer. Je vis quelques magnétiseurs exercés ; mais riches en faits qui ne m'étonnaient plus, ils ne me fournissaient aucune lumière sur le principe. Vertueux et enthousiastes, ils ne rêvaient que la propagation d'une chose dont ils ignoraient la nature et le véritable usage. La prudence nous défend d'agir, quand nous doutons de la bonté d'une action, et qu'attendre n'est pas un mal. Ainsi, j'éprouvai de l'éloignement pour cet apostolat, et je pris pour règle la pensée de M. de Puységur, que j'ai choisie pour épigraphe.

Mes observations particulières, et des études propres à répandre quelque jour sur ce sujet, me

---

de Spinosa, d'Helvétius et de leurs pareils? Je ne dis pas cela. Mais ceux qui ne seraient pas plus instruits que je ne l'étais alors, et qui se laisseraient imposer par les talens et la réputation gigantesque de ces philosophes sophistiques, puiseraient dans le somnambulisme, sur les vérités fondamentales de toute religion, une conviction personnelle qui équivaudrait à une conviction logique, et en faciliterait l'acquisition. Ce premier pas fait avec fermeté, ouvre une carrière qui ne connaît d'autres bornes que celles du génie en général, et de la force d'un chacun en particulier. Je soutiens que les brillans phénomènes du somnambulisme feront faire ce pas à quiconque les aura provoqués lui-même. Bayle, le sceptique Bayle cesserait de douter.

démontrèrent bientôt que le somnambulisme lui-même, livré à l'ignorance, à la curiosité frivole, ne produirait que des fruits sauvages ou nuisibles, et ne sortirait pas du berceau. Ce phénomène, comme résultat du sympathisme corporel, est facile à déduire des principes que j'ai exposés. Comme je ne veux convaincre personne de son existence, ceux qui le connaissent, et qui voudront se donner quelque peine pour m'entendre, pourront aisément suppléer à ce que je néglige de dire.

En abandonnant la direction automatique de son corps à celui qui vient la secourir, pour se recueillir en elle-même, l'ame entre dans un nouveau mode d'existence. Les merveilles secrètes des fonctions de l'organisme se dévoilent à elle, et, par l'intermédiaire des nerfs internes (1), elle peut

---

(1) Observons ici que nos cinq sens, quoique faits pour nous instruire de cinq sortes de qualités distinctes, ne sont que des modes d'un sens unique, primordial, *du tact*, et que celui-ci ne transmet les impressions des objets au cerveau, siége de l'ame, que par des vibrations nerveuses. Les perceptions des objets que l'ame peut acquérir par les sens, se réduisent à des mouvemens. La structure des organes se bornerait donc à modifier leur intensité. Mais ne se pourrait-il pas faire que les propriétés des élémens qui composent ces organes, ne fussent en rapport avec les qualités des objets extérieurs dont ces organes doivent révéler l'existence à l'ame? Rien ne porte physiquement à adopter cette opinion : la substance des nerfs est partout à peu près homogène. Si, malgré cela, on voulait l'admettre, elle ne changerait rien au sujet pour lequel cette note est faite; au contraire.

parcourir toutes les parties de son corps, apercevoir son état, ses besoins, et connaître les secours qu'elle peut attendre de la nature, de son bienfaiteur, et du nouveau pouvoir que sa position lui donne pour diriger les fonctions de la vie organique. Avec ces données, elle revient sur elle-même, et tâche de découvrir, par ses facultés essentielles, et dans la mémoire des sensations causées par les propriétés des choses, les moyens de se délivrer des maux corporels qui l'affligent. Par ce simple exposé, on doit déjà comprendre à combien de phénomènes précieux et d'écarts majeurs le magnétisme mixte ou le somniloquisme peut donner lieu.

Cependant, quand il se manifeste, les magnétiseurs vulgaires s'imaginent qu'il suffit, pour rendre la santé, de suivre ses indications, comme autant d'oracles. Quoique dangereux, ce parti est le plus sage pour l'ignorance. D'autres exercent un empire régulateur sur les directions de la volonté, et s'ils sont sages et prudens, on doit applaudir à leur systême; mais si le caprice et la curiosité les dominent, que de dangers, que de malheurs! Il faut pourtant ici étendre les fonctions du magnétiseur, puisque ses rapports sympathiques avec le malade augmentent par le somnambulisme. C'est là où commence l'exercice d'un véritable sacerdoce. Il faut sonder l'ame du malade, pour apprendre si les maux corporels qu'on veut guérir, émanent des imperfections, des vices de l'ame, ou de causes purement physiques. Sans cette investigation importante, qui exige la réunion de tant de connaissances, il serait plus prudent de s'en remettre aux soins de la médecine : car elle délivre aussi des maux qui proviennent du physique, et n'entraîne pas avec elle les dangers dont je parlerai tout à l'heure.

En effet, si le magnétiseur ne peut savoir si la cause de la maladie est intellectuelle, et qu'elle le soit, ses efforts et le somniloquisme réunis ne produiront que des effets illusoires et temporaires. Mais pour s'éclairer à cet égard, quelles difficultés! De quel caractère respectable faut-il être revêtu, pour prétendre à une confiance, à une obéissance entières de la part d'un malade souvent coupable, et de ses proches, dont l'absence est d'autant plus nécessaire, qu'ils sont plus respectés? D'ailleurs, la science qui utiliserait ces révélations délicates, quoique fort simple dans ses principes, est à peine soupçonnée, et ses moyens les plus efficaces ne sont pas praticables dans la position où nous sommes : c'est en s'enveloppant du mystère le plus profond, que le sage peut s'en servir.

Pourquoi donc désireriez-vous que les magnétiseurs connussent quand la maladie provient de l'ame, puisque vous prétendez qu'ils ne pourraient la guérir, faute de lumières et de circonstances opportunes? D'abord, je n'ai pas dit qu'il n'y ait absolument aucun cas où même aujourd'hui un magnétiseur sage et instruit, un homme tel que l'exige la confiance dont j'ai parlé, ne puisse réussir, au moyen des lumières que cette même confiance lui fournirait. En réfléchissant sur les obstacles qu'il faudrait surmonter, il examinerait si ses ressources seraient suffisantes pour espérer le succès, ou non. Dans cette dernière supposition, il renoncerait à l'entreprise, parce que ses efforts l'épuiseraient sans fruit, et que les dangers d'un somnambulisme prolongé sont à redouter.

En effet, quand sa prudence garantirait son malade des maux qu'un magnétiseur ignorant occasionne, empêcherait-il ceux qui tiennent à ce mode insolite d'existence? En abandonnant souvent la direction des fonctions de la vie animale extérieure, pour se recueillir en elle-même, et pour porter toute son activité sur les nerfs internes qui impriment ainsi une action particulière et plus énergique aux viscères principaux, l'ame détruit l'équilibre qui doit exister entre les deux vies organique et animale, par son action trop immédiate sur la première, et rend les nerfs internes plus sensibles, plus irritables. Le magnétiseur, en prodiguant un fluide dont les qualités sont éminemment contractiles, favorise le désordre, et il en résulte pour le malade une sensibilité intérieure si mobile, qu'un rien dérange les fonctions des viscères, et détermine, par la réaction de ceux sur les nerfs, des crises nerveuses suivies du somnambulisme. Dans les spasmes laborieux qui conduisent à ce dernier état, l'ame se débat, et imprime des mouvemens désordonnés qui aggravent le mal. La suite de ces révolutions fréquentes est d'en faciliter le retour, et de rendre le malade timide, inquiet, faible, pusillanime. D'ailleurs, l'imagination travaille beaucoup chez les somnambules durant leur état naturel. Ils savent qu'ils parlent en dormant, que ce sont eux qui indiquent les remèdes qu'on leur fait prendre, et cela est toujours devant leurs yeux. S'ils sont raisonnables, la crainte fera naître la curiosité la plus active. Comment peuvent-ils devenir leur propre médecin? Le moyen curatif n'est-il pas plus redoutable que leurs maux? Toutes ces réflexions facilitent les crises, en portant le malade à se concentrer; et de là une distraction, une versatilité dans la volonté, qui peuvent dégénérer en stupidité ou en aliénation mentale.

Tels sont les résultats naturels d'un somnambulisme prolongé, dans les cas où il ne peut guérir. Le vrai magnétiseur, tel que je le conçois, les évitera, en refusant de soigner les maladies dont la cause intellectuelle résisterait à son pouvoir, ou le compromettrait aux yeux de la Providence, s'il faisait évanouir des maux qui sont la punition de celui qui se les est attirés, et la sauvegarde de ceux sur qui le retour de sa santé le mettrait à même d'exercer son influence.

Si les dangers que je viens de signaler découlent comme de source du magnétisme mixte, si les magnétiseurs les plus prudens en favorisent la réalisation, sans le vouloir, sans rien faire que ce qui serait avantageux dans les maladies dont la cause serait purement physique, avec quelle promptitude se manifesteront-ils sous la main du magnétiste vulgaire? Car ici l'ame agit déjà sur l'ame, et par elle sur le corps, et toujours les effets sont analogues à leur cause.

Dans les maladies où le somniloquisme, prudemment conduit, peut rendre la santé, l'influence intellectuelle d'un mauvais magnétiseur produira des effets incurables. S'il est superstitieux et craintif, ses visions, ses terreurs pourront rendre fou son somnambule; s'il est curieux de choses auxquelles celui-ci n'est pas propre, les excursions intellectuelles qu'il le forcera d'entreprendre, lui seront très-nuisibles. Ce qui pourrait lui arriver de moins funeste, ce serait d'affaiblir ses forces, d'aggraver singulièrement son mal; mais la lésion de certains organes cérébraux pourra causer l'aliénation mentale, et la rupture de quelques vaisseaux, la mort. Ces déplorables événemens sont rares; mais il suffit qu'ils soient possibles, et ils ne le sont que trop, pour qu'on condamne l'usage du magnétisme chez des hommes qui n'offrent aucune garantie dans leur éducation et leur caractère.

Quant à la règle de se soumettre aux indications du somniloque pour conduire son traitement, et pour s'éclairer par ses instructions, elle favoriserait sans doute les magnétiseurs ignorans ou novices, si elle était toujours admissible; mais elle ne préserverait pas des dangers d'un somnambulisme inutilement prolongé ; et les praticiens de bonne foi savent combien elle doit recevoir d'exceptions, même dans les cas où elle peut être employée. Les lumières du magnétiseur et sa prudence peuvent seules prévenir les erreurs funestes auxquelles elle donnerait lieu.

Le même objet ne fait pas éprouver des sensations également vives, ne réveille pas les mêmes sentimens chez plusieurs individus qui l'observent pour la première fois; s'ils n'ont pas la même vue, et qu'ils soient placés à une égale distance, les uns le verront très-bien, les autres, mal ou point du tout. Tels sont les somnambules mixtes : transportés dans un ordre de choses nouveau, ils assistent au spectacle intérieur des fonctions de l'organisme, afin d'apprécier leur état, leurs besoins, leurs moyens. Quelle scène surprenante ! quelles combinaisons il leur faut faire pour atteindre ce but ! Dans la révolution qui conduit à cet état, quel changement singulier s'opère dans leur mode de sentir, pour produire ce que les magnétiseurs appellent *sens interne !* La somme de la sensibilité, partagée ordinairement en cinq modes, se recueille dans le sens primordial du tact, et se trouve à la disposition de l'ame qui fait prendre à ce sens unique, mais collectif, la modification des sens particuliers qu'il lui plaît ; la susceptibilité plus ou moins délicate des nerfs internes remplace ici les organes des sens et leur usage facultatif : leurs vibrations réflectives instruisent l'ame de l'état des parties auxquelles ils correspondent. Le cerveau participe d'ailleurs aux deux vies organique et animale ; et c'est de là, comme du sommet d'une montagne, que l'ame projette ses regards dans toute la circonscription de son corps, en prend connaissance, et agit. Si l'expérience n'en démontrait la réalité, croirait-on qu'un homme simple, qui entre dans un mode d'être si insolite et si compliqué, pût s'y reconnaître quelquefois sur le champ, et en recueillir des avantages précieux pour sa santé ? Sans un pressentiment de l'harmonie, qui est essentiel à l'ame, qui devance la pensée, et qui l'éclaire dans ses investigations rapides, le somnambule serait effrayé de sa position, bien loin d'en profiter. Ne soyons donc pas surpris si ceux qui doutent de la noblesse de notre être, refusent de croire aux phénomènes du somnambulisme : c'est là que l'ame déploie des puissances qui renversent tout systême contraire à son origine céleste.

Cependant tout ce que cet état renferme d'étrange, de mobile, réclame, de la part de celui qui s'y trouve, le calme des passions, le plus profond recueillement, l'attention la plus soutenue. Sans ces conditions, il se trompera ; car la lucidité chez les somnambules mixtes dépend de conditions organiques, et des opérations des facultés de l'ame y relatives. Dans ce cas, elle peut et doit recevoir une éducation qui la dirige, qui l'étende jusqu'à un degré déterminé par les circonstances ; et c'est là l'œuvre des lumières et de la sagesse du vrai magnétiseur. Mais est-ce entre les mains des magnétistes vulgaires qu'elle s'effectuera ? Ils en ignorent les moyens, et quand on les leur indiquerait, ils n'en seraient pas plus avancés; car c'est la sagesse qui en détermine l'emploi, et la sagesse ne se donne pas comme *bon jour*.

Dans tous les cas où la lucidité sera incertaine, et c'est ce qui arrive le plus souvent, la règle de se soumettre à la direction des somniloques conduira à des fautes plus ou moins graves. Malgré leur intérêt à bien approfondir les choses avant de prescrire quelque remède, quand les somniloques s'aperçoivent qu'on les écoute comme des oracles, ils deviennent vains, présomptueux, exigeans, superbes. La moindre contradiction, la moindre observation les irrite : ils veulent paraître infaillibles, et la suite de ce désir de dominer leur magnétiseur, leur fait perdre le recueillement et le calme qui assuraient la connaissance de leur état, la régularité de leur action interne sur les fonctions des viscères, la rectitude de leur jugement. Que faut-il alors attendre du somnambulisme ? Rien de salutaire, et bien des erreurs. Si, en suivant cette méthode, on a obtenu des résultats heureux, il faut les attribuer à la vertu du somniloque, et à un concours de circonstances favorables et rares.

Ces considérations peuvent recevoir d'amples développemens ; mais je ne dois pas tout dire. Elles suffisent, je crois, pour proscrire ce prosélytisme aveugle, qui, quoique respectable dans ses motifs, n'en livre pas moins un épée à deux tranchans à des enfans inhabiles à s'en servir, faute de trouver des hommes qui veuillent le prendre pour combattre les maux de l'humanité. Je connais peut-être mieux que ses plus zélés sectateurs les titres qui rendent le sympathisme recommandable; je l'ai assez étudié pour cela. Entre les mains des sages, il produira toujours des effets aussi merveilleux que salutaires, parce qu'ils sauront l'employer en temps et lieu. Adorateurs de la Providence et amis des hommes, ils s'en serviraient de concert avec d'autres moyens pour manifester la justice et la bonté divine, pour augmenter notre véritable bonheur; mais, livré indistinctement à tout le monde, ses dangers sont incalculables et ses faveurs mesquines.

J'ai vu des familles où la fureur magnétique dominait. Les tableaux qu'elles m'offrirent étaient loin de répondre au doux espoir des magnétiseurs enthousiastes. L'amitié y régnait, parce qu'elles avaient les vertus qui en sont la base; mais la santé et l'esprit n'y étaient pas dans un brillant état. Le père, la mère, les enfans, tour-à-tour magnétisans et magnétisés s'épuisaient mutuellement, dans l'intention de guérir des maux incurables, ou dont la cause était intellectuelle, ou, sans faire la part aux plaisans, chimérique. Parce que le sympathisme opéra des cures vraiment miraculeuses, la pulmonie, la paralysie, la goutte devaient disparaître ou s'adoucir dans la maison, et elles y restaient pour dévorer les forces et la santé de toute la famille. Dans leur délire, il fallait recourir à la panacée universelle, sitôt qu'ils éprouvaient le moindre malaise, soit pour le dissiper, soit pour apprendre si l'on avait le germe d'une maladie qui provoquerait le somnambulisme. Une migraine, une digestion laborieuse, un mal de dents pronostiquaient quelque dérangement dans l'équilibre des fluides : et vîte au magnétisme. Si l'on avait un somnambule toujours sous sa main ! Mais une indisposition de quelques jours en faisait déterrer un. Bon ou mauvais, il n'importe; et on courait le consulter, comme l'amante jalouse va chez une bohémienne. Si le mal se dissipait, on en rendait hommage au magnétisme; si le mal empirait, les recettes insignifiantes ou nuisibles de l'oracle nourrissaient l'espérance et la faiblesse du caractère : on attendait, sous l'égide sacrée, que l'alarme appelât le médecin. Voilà, en général, le tableau complet des familles magnétiques, quant à la santé.

Parlerai-je des erreurs, des préjugés qui s'y maintiennent? L'éducation première y fait beaucoup. Ici, ce sont les visions, les fantômes des siècles où la superstition confondait le vrai et le faux, pour en faire un hideux mélange; là, le fluide universel fait déraisonner à perte de vue; ailleurs, la prévision des somniloques ouvre carrière aux discussions théologiques les plus abstruses, et entraîne dans la fatalité religieuse de Mahomet et de certains docteurs du christianisme. Je m'étonnais de voir le magnétisme favoriser des passions opposées, et les faire également aboutir à ce déplorable système : chez les uns, l'amour propre et la curiosité y applaudissent; chez les autres, l'humilité, l'insouciance s'y soumettent, comme pour le démontrer. Ce n'est pas que le sympathisme y conduise : bien loin de là. Examiné avec sagesse, il est fait pour résoudre les difficultés les plus embarrassantes : je l'ai déjà dit ; mais comme il tient à tout, quiconque n'est pas assez instruit pour l'embrasser dans son ensemble, y trouve des points correspondans à ses opinions.

Mais ce qui me révoltait le plus, c'étaient ces abus de pouvoir que se permettent certains enthousiastes. Ils compromettent leurs somnambules, en les mettant en rapport avec des personnes mal saines; ils les fatiguent, pour faire des expériences qui les désorganisent, sans convaincre les incrédules. Je viens d'apprendre la mort d'un homme qui se plaisait à exercer dans sa famille son pouvoir magnétique. Sa femme, qu'il avait guérie d'une forte maladie, obéissait à sa volonté tacite : il la faisait arrêter tout court, et la rendait cataleptique. Un de ses fils réalisait par son imagination toutes les conceptions mentales de son père. Le pauvre enfant ! il devra à la mort de son père sa raison qu'il aurait perdue. Peut-on pousser plus loin la profanation ? Voilà ce que c'est que de divulguer des choses sacrées : on en abuse en particulier, tandis qu'en public, des abbés Faria les prostituent au ridicule mérité et salutaire du monde.

Je suis loin de confondre avec ces profanes des hommes vertueux, éclairés, et convaincus par l'expérience des merveilles du sympathisme, et qui désireraient le propager par humanité. C'est, au contraire, à eux que je m'adresse, parce qu'ils m'entendront, ou chercheront à s'éclairer sur ce qu'ils ignorent. En attendant, qu'ils renoncent à ce prosélytisme insensé d'une chose qui entraîne tant de dangers avec soi, et qui ne peut devenir fructueuse qu'en l'étudiant encore long-temps dans le silence. Veulent-ils une preuve du profond mystère qui doit l'investir ? Qu'ils réfléchissent sur le somnambulisme. La nature, en couvrant d'un voile impénétrable, pour le somniloque même, tout ce qu'il a dit et fait, leur enseigne la conduite qu'ils doivent tenir. Veulent-ils comprendre quels hommes, quels moyens il faut choisir pour recueillir les vrais avantages du sympathisme ? L'antiquité va leur répondre.

CHAPITRE V.

Le Magnétisme sympathique chez les Anciens.

Nous ne prétendons pas que, pour rendre hommage aux titres de supériorité des nations célèbres de l'antiquité, et pour établir la profondeur des connaissances des sages qui les ont gouvernées, il faille déprécier le mérite et l'étendue de notre savoir. Quand nous réfléchissons aux ténèbres épaisses où l'Europe était plongée il y a quelques siècles, nous pouvons nous enorgueillir de nos succès; et les découvertes physiques qui décorent le temple de la science moderne, attestent que la méthode qui nous y a conduits est bonne. Mais celle des anciens sages, pour être différente, lui est-elle contraire dans ses principes? Est-elle moins sûre, moins fructueuse dans ses résultats? L'orgueil et la crainte, bien plus que la raison, prononcent sur cette question importante.

A peine échappés aux persécutions d'un fanatisme cruel qui faisait haïr la religion, les savans modernes ressemblent à un jeune homme qui vient enfin de s'affranchir d'un tuteur avide, hypocrite, et qui s'était chargé de l'instruire, pour retenir plus long-temps un pouvoir qu'il rendait odieux. Les maximes de la sagesse qu'il avait enseignées, toujours dans ses intérêts, se corrompirent par un vil alliage, et perdirent leur ascendant, en passant par ses lèvres. Son élève ne les distingue pas des bas sentimens du despotisme dont elles semblaient consacrer les injustices. Il ne croit pouvoir défendre sa liberté naissante, qu'en s'éloignant des principes d'ordre et de subordination légale, par cela seul qu'ils prescrivent des bornes à l'indépendance, et qu'on en a trop abusé à son égard, pour qu'il conçoive qu'ils sont faits pour protéger la liberté, et pour garantir les droits d'un chacun. Lancé dans le monde, où sa jeunesse, son esprit, sa fortune lui promettent un rôle important, et lui dresseront mille piéges adroits, il n'écoutera que les flatteurs, que ceux qui exagéreront les douceurs de la licence, sous le beau nom de liberté. Quiconque voudrait le soustraire à leurs perfidies, en lui montrant sa sauvegarde dans ces maximes saintes qu'on lui a fait détester, passerait, à ses yeux, pour un sot ou pour un fourbe adroit. La triste expérience, en le frappant à coups redoublés, pourra seule le rendre accessible aux leçons de la sagesse, qui est toujours prête à le recevoir dans ses bras, et qui désire le guérir des maux de la fortune et de ses propres écarts.

Des révolutions désastreuses, mais utiles, conduisirent l'Europe, et surtout ma patrie, à ce terme où elles doivent entendre la voix de la sagesse, pour s'épargner de nouveaux malheurs. Nous ne faisons que de naître à la civilisation : mais, fiers des conquêtes du génie sur la nature physique, dédaignerons-nous de recevoir des leçons des peuples qui brillèrent dans la carrière que nous parcourons, et où ils nous éclipseront encore long-temps? Leur philosophie et leurs institutions, répète-t-on sans cesse, doivent favoriser la superstition et le despotisme : c'est là le fantôme qui effraie. Mais qui ne comprend qu'un peuple sur lequel ces deux ennemis de l'humanité appesantiraient leur sceptre destructeur, ne pourrait jamais accomplir de grandes destinées? Les sciences, les beaux-arts, la gloire, la population sont des plantes que la sagesse seule cultive, et qui ne peuvent produire leur fruit que sur un sol éclairé par l'astre du pouvoir légal. Si l'Egypte, par exemple, vit croître ces plantes salutaires; si ses colonies tâchèrent de les naturaliser en Europe, dont elles défrichèrent le sol encore sauvage; si c'est dans son sein, et au temps où sa splendeur commençait à pâlir, que les plus célèbres des législateurs et des philosophes de la Grèce purent puiser ces lumières auxquelles leur patrie dut sa célébrité, le sacerdoce égyptien, unique dépositaire du savoir, devait posséder des vertus aussi sublimes que ses connaissances étaient profondes. Or, serait-il sage de proscrire la méthode qui le conduisit à de si grands résultats, par cela seul qu'elle ne ressemble pas à la nôtre? Ne prononçons donc pas sur sa valeur intrinsèque, avant de la méditer : l'erreur n'a qu'un règne passager, et ne produit que des fruits amers et inféconds.

Quel était donc le principe fondamental sur lequel reposaient la méthode des anciens et les sciences qu'ils cultivaient? L'inscription du temple de Delphes. Ils enseignaient que, pour acquérir des connaissances certaines, il fallait se connaître soi-même ; afin d'avoir une mesure comparative universelle, invariable; et cette mesure était l'homme lui-même : ils le regardaient comme un microcosme, dont la connaissance intime doit et peut seule dévoiler l'univers. Mon troisieme chapitre renferme les preuves directes de cette vérité.

Mais ce qu'il est curieux de faire remarquer, c'est que ce principe est aussi celui des modernes: ils ne diffèrent des anciens, à son égard, qu'en ce qu'ils se dirigent d'après lui à leur insu, et en circonscrivant son usage dans une sphère très-étroite. En effet, pour établir l'expérience comme base du savoir, ils admettent que la nature physique est invariable, et s'imaginent par-là soustraire les sciences de l'influence de l'homme. Mais où puisent-ils leur principe primordial ? Où sont les recueils d'observations authentiques et d'une assez haute antiquité, pour le légitimer par une induction plausible ? Ce principe est donc plus intuitif qu'expérimental ? Et quand nous accorderions qu'une longue succession de siècles prouverait l'invariabilité de la nature, par l'identité bien constatée de ses phénomènes, cela ne servirait qu'à augmenter le nombre des raisons qui déterminaient les anciens à soumettre l'univers à leur principe. Ceci n'est pas un paradoxe : car, si l'homme n'était pas essentiellement toujours le même, s'il variait dans le nombre des facultés qui le constituent tel, la nature physique fût-elle invariable, les sciences qui s'y rapportent ne pourraient pas exister. Nos connaissances représentent le produit d'une multiplication, dont les deux facteurs sont l'*affectabilité sensuelle* qui recueille au dehors les matériaux, et l'*opérer* des facultés de l'intellect qui les apprécient pour les coordonner. Si l'un de ces facteurs venait à perdre de ses chiffres, ou à en recevoir de nouveaux, les produits éprouveraient des révolutions relatives qui réfléchiraient cette variation de l'homme esprit, et le passé ne garantirait rien pour le présent, ni celui-ci pour l'avenir; tout serait dans la chaos. Donc, si les sciences physiques ont un caractère de fixité fatale, c'est surtout parce que l'homme est invariable dans le nombre des chiffres des deux facteurs qui les produisent (1).

Mais poursuivons. L'homme est bien plus une mesure universelle qu'invariable. Les phénomènes dont les sciences physiques se composent, réfléchissent-ils toutes les propriétés essentielles de la matière, et toutes les lois qui président à l'organisme universel, ou ne sont-ils que l'expression de celles qui correspondent au mode de notre affectabilité sensuelle présente? Dans la première supposition, le principe des anciens sages triompherait encore; car l'homme serait la mesure universelle de la nature physique par son affectabilité sensuelle, et de lui-même par son intellect. Il est aussi conscient de sa sensibilité que de son intel-

(1) Ceux qui ne croiront pas perdre leur temps à approfondir les conséquences analogiques de cette comparaison, doivent fixer la valeur et l'extension des considérations suivantes, et ils dissiperont toutes les objections qu'on pourrait élever. Le nombre des chiffres d'une valeur intrinsèque dans les deux facteurs est invariable (fatalité des sciences); mais cette invariabilité doit soigneusement se distinguer de leur mobilité locale (développement potentiel de toute l'encyclopédie des sciences et de leurs rapports mutuels), de l'action de multiplier (réalisation de la puissance en acte), des erreurs du calculateur (empire des passions, l'individualité), et de la puissance indéfinie du zéro (oui et non, l'absolu et le relatif).

ligence. Mais la raison proscrit ce systême, pour adopter le second. En effet, si nous pouvons nous convaincre, par des faits irrécusables, que l'homme est susceptible d'exister sous différens modes d'affectabilité sensuelle, et que, dans ces différens modes, la somme de ses connaissances positives sur la nature varie, pourquoi voudrions-nous établir que l'univers n'est essentiellement que ce qu'il nous paraît? Le sourd, l'aveugle-né n'entreraient-ils pas dans un autre monde, si leurs infirmités se dissipaient? Parce que nous ignorons s'il peut y avoir d'autres sens que les cinq dont nous jouissons, devons-nous rejeter la possibilité d'autres modes d'affectabilité, je ne dirais pas sensuelle, mais sensible, compatibles avec notre être, et qui dévoileraient à notre intellect des propriétés et un spectacle aussi merveilleux qu'inconnu? Des modes accidentels de perceptions, tels que le noctambulisme et le somniloquisme sympathique, convertissent en réalité cette possibilité analogique.

Quiconque put vérifier ces phénomènes importans, comprendra aisément comment les anciens, qui les connaissaient bien mieux que nous, furent conduits à enseigner que l'homme était un vrai microcosme, une mesure comparative universelle. Les modes d'affectabilité sensible doivent composer les degrés de l'échelle de cette faculté qui nous met en rapport avec la nature physique. Si à chacun d'eux correspond un aspect différent de l'univers, les sciences, dont la sensibilité fournit les élémens, ont sans doute une base réelle dans les objets extérieurs; mais elles se réduisent, quant à l'homme, à des scènes d'optique fugitives, qui s'évanouiront ou éprouveront des modifications plus ou moins grandes, avec un autre mode d'affectabilité sensible. Mais la sensibilité est une des trois facultés inhérentes de la vie propre; en vain s'efforcerait-on de la concevoir distincte et séparée du mouvement spontané, et surtout de l'intelligence qui la juge et la maîtrise jusqu'à un certain point. Donc, si l'homme pouvait découvrir tous les modes d'affectabilité dont sa sensibilité est susceptible, et s'y transporter à volonté, il pourrait dire qu'il renferme en lui la mesure de l'univers, et qu'il est un véritable microcosme. Sa sensibilité réfléchirait toutes les propriétés essentielles de la matière, et son intellect, toutes les forces vives qui régissent l'organisme universel. Or, cette science, la seule immuable qu'on puisse imaginer, est-elle possible? Les anciens le prétendaient, et ils la cultivaient à l'ombre des sanctuaires, sous la dénomination de *psychurgie*.

Je ne m'arrêterai pas à combattre les inculpations que l'impiété et l'ignorance orgueilleuse élevèrent de concert pour répandre de la défaveur sur les mystères antiques. Les institutions les plus saintes, le plus sagement combinées, doivent périr, accablées du poids des vices accumulés des générations successives : le mal se glisse partout, pour défigurer le bien, et cela ne peut être autrement. Distinguons bien les abus du principe : quand l'homme aura pris sa part, ce qui restera sera bon. En signalant une des sciences qui constituaient le fond des mystères, je crois que les lecteurs équitables et attentifs rendront hommage à la sagesse des fondateurs de ces institutions saintes. C'était pour défendre la société des dangers qui accompagneraient la profanation des diverses branches de la psychurgie, et pour lui en faire recueillir les faveurs les plus précieuses, que les mystères furent institués. Les temples de l'Egypte et de la Grèce étaient des foyers lumineux, où la doctrine se conservait dans toute sa pureté, et où les hommes avides de savoir pouvaient se présenter. S'ils étaient courageux et constans, la lumière récompensait leurs efforts, et l'humanité acquérait en eux des protecteurs fidèles. Là, les moyens directs de s'instruire, si dispendieux à rassembler alors, étaient combinés avec des institutions protectrices, qui se proposaient d'affaiblir la puissance des passions, et de diminuer les périls que la psychurgie entraîne après soi. Les hiérophantes s'étudiaient d'abord à connaître les forces des initiés et la trempe de leur ame. Toujours les yeux fixés sur leur marche, ils leur signalaient les écueils, relevaient leur courage abattu, ou réprimaient leur présomption; ils savaient suspendre et continuer à propos le cours des divulgations et des épreuves. A quelque degré que l'initié s'arrêtât, jamais il ne sortait des travaux du sanctuaire sans en respecter les principes, sans chérir davantage ses devoirs, et sans professer des sentimens plus religieux, plus sociables, plus philantropiques. L'élite des hommes ne formait qu'une famille, et marchait d'après un plan unique, invariable. Le sacerdoce, les savans séculiers, la noblesse rivalisaient, chacun dans sa sphère, d'efforts et de zèle, pour conduire l'humanité à son but. Ils firent beaucoup ; nous pourrions faire encore plus en suivant leur méthode.

Cette méthode peut se déduire de leur principe fondamental, et des réflexions que j'ai faites pour en démontrer la rectitude. Pour parvenir à se connaître, il faut se rendre maître de ses passions. L'homme qu'elles subjuguent, cherche le bonheur hors de lui, et s'épuise à poursuivre des chimères. Alors les instigations de l'individualité enveloppent la vérité de ténèbres impénétrables : aussi la purification commençait-elle le noviciat des disciples. En les mettant aux prises avec leurs passions, on dirigeait leurs études de manière à les seconder dans cette tâche laborieuse. Les sciences physiques et les mathématiques partageaient leur temps; elles servaient à exercer les facultés de l'ame, à enrichir la mémoire d'images brillantes pour l'allégorie et l'analogie, à répandre de la variété dans les occupations sérieuses, enfin, à combattre l'attrait des passions terrestres, en élevant l'esprit à des conceptions générales et systématiques qui le fortifient, et en lui faisant prendre des habitudes intellectuelles qui favorisaient sa culture morale, et le conduisaient par degré à l'adoration du pouvoir suprême. C'est là le premier acte de la psychurgie, la prière de l'ame contemplative. Quand l'homme, sortant de réfléchir sur les merveilles de la nature et de l'être qui la conçoit, se recueille dans sa conscience et devant son Créateur, son ame, convaincue de sa dignité propre, tressaille d'un saint frémissement; et si elle fait des vœux, ils mériteront d'être accomplis, car elle ne demandera pour elle que la sagesse, et pour ses semblables que de vrais biens. Jamais le méchant ne connut ce plaisir céleste, et c'est lui qui préludait aux connaissances de la psychurgie; car l'ame alors était mûre pour approfondir ses facultés, et les relations intimes qu'elles établissent avec le principe des êtres et toutes ses créatures. Cette science embrassait toutes les opérations de l'ame, depuis la prière efficace jusqu'à la plus haute exaltation prophétique; essentiellement active et impalpable dans ses procédés, elle manifestait son existence par des effets intérieurs ou externes.

Le sympathisme était une de ses branches; les prêtres l'employaient pour guérir les maux des hommes dont l'ame était pure, ou qui voulaient se soumettre aux expiations légales. La science, le secret et les sentimens que la religion inspirait au malade et au psychurge, faisaient disparaître les dangers que j'ai signalés dans le chapitre précédent, et agissaient de concert pour accroître le pouvoir du dernier. Ses œuvres étaient souvent si prodigieuses, qu'elles semblaient appartenir à la théurgie. Mais il faut bien distinguer cette dernière de la psychurgie. Dans la théurgie, tout se fait par le secours divin, et selon des rites et des formes rigoureuses, dont le théurge ne peut s'écarter. Il n'opère pas par ses propres forces, mais par les forces divines liées à certaines formes sacramentales. Le psychurge opère par lui-même ; il développe les facultés de son ame, bonnes ou mauvaises ; et, contraignant tout ce qui lui est soumis d'obéir à ses ordres, il imprime à son œuvre des formes dont il peut être l'auteur ou le régulateur : tout ce qu'il fait, en bien ou en mal, lui appartient. Cependant il voit quelquefois ses forces accrues par des puissances analogues à sa moralité, et qui l'enchaînent, en favorisant ses projets. En me retraçant ici des choses qu'il faut taire, je serais tenté d'établir ceci comme une vérité incontestable : *Les sanctuaires n'existant plus* (car je m'efforce en vain de croire que les Francs-Maçons n'ont pas laissé éteindre le feu sacré); *il n'y a que le théosophe qui puisse sympathiser psychurgiquement avec garantie pour les autres, et sans les plus grands dangers pour lui-même.*

Dans les temples de l'Egypte et de la Grèce, les choses changeaient de face. Les prêtres qui sympathisaient avaient passé par des épreuves propres à tranquilliser sur les résultats. Convaincus des vérités les plus sublimes, enchaînés par un serment auguste, ils obéissaient à un chef qui centralisait, qui dirigeai leurs forces réunies, et qui pouvait faire rejaillir sur eux-mêmes leurs desseins sacriléges, s'ils eussent pu en former. Les principes de la psychurgie et les secours de la religion les favorisaient si bien pour découvrir les affections morales et la nature des malades, et pour les disposer à recevoir leurs soins, qu'ils ne combattaient jamais les décrets de la Providence, et qu'ils n'employaient le sympathisme que quand ils étaient sûrs de ses effets. La confiance, la vénération appellent les succès, et tout concourait à faire naître ces sentimens. La majesté des lieux saints, les nombreuses offrandes dont la reconnaissance les avait enrichis, ces colonnes, ces tablettes, archives de l'expérience, qui attestaient les guérisons passées, les exercices pieux auxquels l'on se soumettait pour se rendre la Divinité favorable, ou pour fléchir sa justice, les grandes idées qu'on pouvait recueillir de la conversation des prêtres, tout inspirait aux ames honnêtes le recueillement, l'espoir, la confiance.

Au jour marqué, quand le malade timide et silencieux implorait les faveurs du Ciel, et s'épanouissait pour les recevoir, le psychurge, harmonisant avec lui de sentimens et de vœux, déployait l'énergie de ses facultés, afin de le pénétrer de son influence, de l'affranchir de ses entraves corporelles; et l'esprit s'élevait dans un nouveau mode d'affectabilité. La guérison du malade était la suite ordinaire de cet état, et il payait cette faveur par des consultations qui, éclairées par la science, étendaient les avantages du sympathisme. Quand sa lucidité était telle, que ses regards ignoraient les obstacles de l'espace et du temps, on l'appelait *hypnomante*, et son état *hypnomantie*. De pareils sujets se reproduisaient journellement sous les mains d'un sacerdoce pur ; et il est aisé de comprendre quels avantages les ministres du sanctuaire en retiraient pour guérir les maladies du corps, pour corriger les vices de l'ame, pour prévenir de grands malheurs tant personnels que publics. Le secret, et les moyens que la prudence exigeait pour le conserver inviolable, centuplaient les ressources, et produisaient des merveilles.

Nul ne s'éloignait du temple sans y avoir reçu quelque faveur. Les uns y avaient appris, par des révélations qui s'adressaient directement à leur personne, que les mauvaises actions ne peuvent se soustraire à l'œil vigilant des dieux ; ceux-ci, qu'ils étaient les propres artisans de leurs maux par leur folie ou leurs vices ; ceux-là, qu'ils obtiendraient leur guérison, s'ils acquéraient telle vertu. Ceux qui avaient été guéris croyaient devoir leur délivrance à une faveur spéciale du Ciel ; et leur vie domestique et sociale s'embellissait de vertus qui répondaient à cette pieuse croyance. Parce qu'on leur cachait la cause profonde de leur guérison, les plongeait-on dans l'erreur? Non, je soutiens que non. Dans le sympathisme psychurgique, l'ame, émanation sublime de la Divinité, active ses rapports intimes avec son principe, et en reçoit des secours qui n'entrent pas dans l'économie terrestre. Comment faire comprendre cela à tout le monde ? Le paysan grossier dira ; C'est Dieu qui tonne. Le physicien, instruit des phénomènes du fluide électrique, sourira peut-être de pitié ; mais on le poussera bientôt à la même solution, si on lui demande d'où proviennent les propriétés de ce fluide, et quel en est le principe moteur ?

Mais les prêtres devaient se prévaloir de ces merveilles pour étendre et fortifier leur puissance. Sans doute ; mais devons-nous leur en faire un crime ? Plût à Dieu que ceux qui possèdent la puissance, n'aient pu l'acquérir que par les moyens qui procurent de beaux et de longs succès en sympathisme ! C'est par les vertus et le savoir que le sacerdoce produisait des miracles. A ce double titre, qui lui refuserait son respect et sa confiance ? Qui ne l'accompagnerait pas de ses bénédictions ? Il unirait le ciel à la terre. Un prêtre véritable est un sage qui se dévoue au service de l'humanité. Il ne croit répondre à sa vocation qu'en dissipant par une lumière douce et pure les ténèbres de l'ignorance, les sophismes funestes de l'impiété, qu'en travaillant sans relâche à soulager nos douleurs. Il ne cherche et ne trouve la récompense de ses peines que dans le bonheur de ses semblables, dans le plaisir de répandre la connaissance de l'Eternel, parce qu'il sait que le connaître et le servir sont synonymes, et que son règne sur la terre est celui des vertus, de la félicité intérieure, de l'harmonie sociale.

Tels furent, pendant une longue suite de siècles, les hommes qui investirent d'autorité et de vénération les sanctuaires de l'Egypte. Possesseurs légitimes et gardiens incorruptibles des principes de l'Etre et de la nature, ils réfléchissaient l'image de la Divinité dont ils desservaient les autels. Tandis qu'ils pénétraient d'admiration les savans laïques qui se glorifiaient d'avoir pu parcourir les divers degrés de l'initiation, ils captivaient l'amour du peuple par des bienfaits qui légitiment son obéissance et la rendent fructueuse; ils guérissaient les malades, en exigeant d'eux pour salaire qu'ils pratiquassent religieusement leurs devoirs (1). Toujours la science commanda à l'esprit, la bienfaisance au cœur, la sagesse à tous deux. Réunir ces qualités dans un degré supérieur à toutes les classes de la société, voilà le secret et la source de la puissance sacerdotale. Quand les prêtres la voient s'échapper de leurs mains, c'est leur faute ; ils sont coupables.

Dans la Grèce, les sanctuaires paraissaient s'être partagé les attributions sacerdotales; du moins ils se distinguaient, chacun en particulier, par une fonction spéciale. Delphes était le foyer religieux et le centre politique des villes amphictioniques; il se consacrait aux soins qu'il fallait prendre pour resserrer par ses solennités les nœuds de la confédération, pour défendre les droits des gens outragés, pour sanctionner les lois constitutionnelles des états. Et il y avait bien à faire pour contenir ces petits états si orgueilleux, si avides de liberté, dans

(1) Diodor. Sicul., *lib.* 1; Strab., *lib.* 17; Galen., *lib.* 5, *de Med. secten. gen.*, *cap.* 1.

les limites de la modération et de la confraternité. Ce sanctuaire n'employait le sympathisme que pour atteindre aux fins qu'il se proposait, c'est-à-dire, dans l'exaltation fatidique. Rien ne porte à reconnaître son usage dans les fonctions ostensibles des prêtres d'Eleusis. Ils se bornaient à instruire, à diriger les individus qui désiraient être admis aux mystères. L'on peut bien croire que le sympathisme, cette branche intéressante de la psychurgie, était dévoilé aux initiés de Cérès; mais je suis porté à admettre que cette déesse de l'agriculture, et des lois qui la protégent, agissait de concert avec Minerve et Apollon pour étouffer le fédéralisme, monstre aussi fécond en guerres intestines, qu'impuissant contre les ennemis étrangers, et pour rendre Athènes la capitale politique de la Grèce constituée en empire. Ce plan majestueux, qui aurait tant épargné de maux au monde, s'il eût pu s'accomplir, était spécialement confié aux travaux des prêtres d'Éleusis, et ne leur permettait pas d'appliquer le sympathisme psychurgique.

Ce soin fut remis au temple d'Esculape, près d'Epidaure. C'était dans ce sanctuaire, succursale de Delphes, comme on peut le conclure d'une réponse de l'oracle (1), que les malades accouraient

---

(1) Pausanias (*lib.* 2, *cap.* 26) rapporte cet oracle de Delphes pour appuyer la fable de l'extraction d'Esculape. Le voici textuellement :

Ω μέγα χαρμα βροτοῖς Βλαςῶν, Ἀσκληπιε, πασιν,
Ὃν Φλεγυηὶς ἐτικεν ἐμῃ Φιλοτητι μιγεῖσα
Ἱμεροεσσα Κορονις ἐνὶ κραναῃ Ἐπιδαυρῷ.

« O toi, qui prodigues à tous les mortels de précieux bienfaits,

en foule chercher leur guérison. Là, les ministres de ce dieu bienfaisant faisaient fleurir le sympathisme psychurgique, et augmentaient ses effets salutaires, en le reproduisant par des procédés encore inconnus, et en l'environnant de tous les secours que peuvent fournir les sciences physiques, une diététique savante, et les agrémens d'une localité salubre et pittoresque. Les cures prodigieuses qui devaient s'opérer dans ce sanctuaire, passeraient pour des fables, même aux yeux des magnétiseurs, si l'histoire nous les eût conservées : mais elles étaient avérées pour ceux qui vivaient alors, et qui pouvaient les constater. Aussi elles répandirent par la bouche de la reconnaissance la réputation d'Esculape, et lui procurèrent les moyens d'étendre au loin ses bienfaits. Des colonies de prêtres initiés dans ses mystères, et instruits par l'expérience dans l'application des principes, se transportèrent en divers lieux pour établir des temples à l'instar de celui d'Epidaure, leur centre commun; et partout Esculape obtint des hommages qu'il légitimait par sa puissance salutaire. On sait que c'était une opinion reçue (1), que le prince des médecins, Hippo-

---

» Esculape! la fille de Phlégias, l'adorable Coronis te conçut » dans nos mutuels transports, et te donna le jour sur le sol » montagneux d'Epidaure ». Ce mythe est très-profond; ceux qui peuvent découvrir le sens des noms propres, y trouveront l'histoire du sympathisme.

(1) Strab., *lib.* 14, *pag.* 657; Plin., *lib.* 29, *cap.* 1, *tom.* 2, *pag.* 493.

crate, recueillit de grands avantages pour le régime, à fréquenter le temple que les habitans de l'île de Cos avaient consacré au fils d'Apollon. Ce ne serait même pas sans fondement qu'on avancerait qu'il fut initié à ces mystères, et que son école se regardait comme une émanation directe de ce sanctuaire. Le serment médical renferme des preuves sensibles de cette assertion ; qu'il appartienne à Hippocrate ou à ses premiers disciples, la conclusion n'en est pas moins plausible. Les dernières paroles de son chapitre intitulé *la Loi*, viennent encore la fortifier. « Quant » aux choses sacrées, y dit-il, elles se transmettent » aux hommes sacrés; pour les profanes, cela serait » sacrilége avant qu'ils fussent initiés aux saints » mystères de la science. » Quelles étaient ces choses sacrées qu'il ne faut divulguer qu'après les saints mystères de la science ? Ce n'étaient sûrement pas l'anatomie, la physiologie, la chimie médicale. Ces sciences peuvent bien figurer le portique, les parvis du temple, les premiers degrés de l'initiation, mais non les vérités premières, dont la possession rangeait l'initié au nombre des adeptes. Hippocrate le dit lui-même. Il parlait des choses saintes qui investissaient le médecin d'un caractère sacré, qui le constituaient ministre du fils d'Apollon. Appelés à connaître nos faiblesses par nos infirmités ou par nos aveux, à tenir dans leurs mains notre vie et notre réputation, les médecins, pour recevoir les procédés sympathiques d'Esculape, doivent les mériter par des vertus sacerdotales. Jamais les calculs de l'intérêt, ni l'instigation des passions basses ne doivent pousser ceux qui les possèdent, à s'en servir ou à les divulguer. En serait-il de même auprès de ces hommes qui dégradent cette vocation sublime, en la regardant comme un état ? A de grands devoirs il faut attacher de grands honneurs, pour que les hommes qui se les imposent les pratiquent avec zèle. Rien n'est plus glorieux que de représenter la Divinité. En Egypte, tout médecin était prêtre, tout prêtre était médecin. Dans les temps héroïques de la Grèce, les médecins passaient pour des hommes divins, pour les fils d'un dieu qui tenait l'avenir dans ses mains, et leur dévoilait des secrets merveilleux. Les choses sacrées, disons-le avec Hippocrate, ne doivent se communiquer qu'aux hommes sacrés.

Les hommes qui doivent se sentir obligés de cultiver le magnétisme sympathique, pour en recueillir les avantages, et en écarter les dangers et les abus, sont donc naturellement désignés : ce sont les ministres de la religion. S'ils désirent véritablement renverser les trophées de l'impiété, et faire refleurir les principes religieux, qu'ils s'emparent de cette science naissante, pour la conduire à son âge viril. Du jour où ils s'en chargeront, et où ils promettront devant Dieu de ne s'en servir qu'à sa gloire, et pour répandre ses faveurs sur la souffrance innocente ou égarée, le philosophisme pâlira, et l'aurore d'un siècle de lumières commencera à poindre. On les accuse de défendre le systême de l'obscurantisme, et de ne vouloir de la religion que les honneurs et les richesses, qui plongèrent jadis le clergé dans l'orgueil et l'oisiveté, et entraînèrent son humiliation et nos malheurs. Cette inculpation, naguère trop juste, fût-elle aujourd'hui calomnieuse, n'en est pas moins funeste : qu'ils la fassent évanouir, en employant tous les moyens qui favorisent les effets du sympathisme. Ils le peuvent.

Si la fausse philosophie faisait entendre pour la première fois ses leçons subversives chez un peuple tranquille, croyant et heureux, il serait peut-être prudent de la contraindre au silence; mais en Europe, où les sophismes de l'impiété, peu contens de combattre les dogmes de la religion positive, osèrent porter des coups sacriléges sur les vérités fondamentales du théisme philosophique, et rompre le lien qui en formait un faisceau, interdire les discussions, sous prétexte d'en éviter les écarts dangereux, c'est un mal, et un mal incalculable. Il faut réparer l'édifice, en commençant par les fondemens, ou l'hypocrisie, l'indifférence en minera les pierres jusqu'au cœur. Les apôtres de l'impiété se glorifient d'avoir vaincu, parce qu'on ne les a pas suivis partout; mais, dans quelque région de l'Etre qu'ils se réfugient, si le sacerdoce étudie, pratique le sympathisme et la psychurgie, son principe, il les y forcera, et leur arrachera l'étendard du mal.

Les détails dans lesquels je suis entré plus haut, doivent démontrer aux esprits attentifs que le sympathisme tient en effet à toutes les branches du savoir humain. Pour qu'il puisse recevoir ses développemens naturels, le clergé devrait imposer à ses membres la double tâche d'acquérir les sciences physiques qui se rapportent à la médecine, et d'approfondir les sciences psychurgiques de l'antiquité, où ils découvriraient les bases solides des premières, et les preuves évidentes des dogmes de la doctrine théosophique. Cette impulsion opérerait une révolution salutaire dans les esprits. Les savans se partageraient sur le champ en deux classes. Il y en a parmi eux un grand nombre qui sont convaincus que les sociétés ne peuvent se garantir des fureurs de l'anarchie et des calamités du despotisme, qu'autant que les principes sacrés règnent dans les cœurs, et illuminent les esprits sur les bornes du droit et l'étendue du devoir. Si les prêtres abordaient franchement la défense des dogmes du théisme le plus sublime, le plus développé, ils se feraient de ces savans estimables des amis qui rivaliseraient avec eux de zèle et de courage. Des ouvrages sortiraient de toutes parts pour combattre les objections de l'impiété, pour déduire les plus lumineuses conséquences des principes fondamentaux, sur lesquels on serait d'accord, pour les populariser, en les investissant de toutes les preuves de la raison et du sentiment moral. Les merveilles du sympathisme, bien connues, bien attestées, aplaniraient mille difficultés qui empêchent de bien fixer les caractères d'une révélation divine.

Les physiciens matérialistes voyant leurs adversaires se revêtir de leurs propres armes pour la défense, et en prendre d'autres pour l'attaque dans l'intelligence pure, craindraient de succomber, et ils se livreraient, par prudence et par nécessité, à la méditation des principes intellectuels qu'on leur opposerait. Attentifs à surprendre les fausses démarches, à signaler les écarts, à scruter les intentions secrètes du parti opposé, ils alimenteraient un antagonisme rationnel, dont les effets seraient la conviction éclairée des hommes, et l'issue, le rapprochement de tous les combattans devenus frères et amis. Il ne faut qu'établir cette lutte pour que la lumière en sorte victorieuse. D'un côté, le fanatisme, ne pouvant défendre les abus de la superstition par des argumens étrangers aux facultés de notre ame, cesserait d'obscurcir l'horizon des nuages épais qui interceptent la lumière sacrée; de l'autre, le philosophisme, persiflé quand il attribuerait à la religion les fureurs de son ennemie, roulerait bientôt dans la fange son corps hideux, percé des flèches inévitables du dieu du jour; et l'humanité, délivrée de ces deux monstres cruels, éleverait des mains pures et heureuses vers le ciel protecteur.

Tels sont les fruits que les prêtres pourraient recueillir de l'étude approfondie des sciences antiques, qui se rattachent au sympathisme. Il est vrai qu'elles sont à peine soupçonnées parmi nous; mais j'ai fait voir quelle direction il faut suivre pour les découvrir et les cultiver. L'homme étant toujours le même, et possédant dans son sein tous les principes du savoir, il ne lui faut que de la piété, du temps et de la constance, pour réussir. D'ailleurs, il nous reste des débris précieux de l'antiquité. Les dix premiers chapitres de la Cosmogonie de Moïse, traduits par M. d'Olivet, peuvent seuls ouvrir une carrière sûre et vaste, où les efforts de l'homme laborieux seront récompensés par d'heureux progrès (1).

Pour seconder cette révolution intellectuelle, et pour reconquérir le respect et la vénération des peuples, les ministres des autels trouveraient un

(1) Cet ouvrage se recommande naturellement aux savans de tous genres, mais principalement aux ecclésiastiques. Son titre : *La Langue Hébraïque restituée*, etc., est bien loin de faire soupçonner l'importance et la profondeur des connaissances antiques que les hommes éclairés et laborieux sauront recueillir, en méditant la nouvelle traduction de la Cosmogonie de Moïse, traduction si différente de celle des Septante et de toutes celles qui l'ont suivie. C'est là que le législateur théocrate des hébreux, dépouillant, à l'exemple d'Ulysse, prêt à punir ses ennemis, le travestissement ignoble qui protégeait sa vie et ses projets contre leurs fureurs, se montre tout à coup dans toute sa force, et justifie ses titres à l'admiration des savans et des sages. On ne saurait trop approfondir sa doctrine. Il est fâcheux que peu d'hommes possèdent encore la méthode des anciens pour exploiter cette mine féconde. M. d'Olivet, dont l'érudition et le savoir sont si remarquables, rendrait un véritable service à son siècle, s'il accomplissait la promesse qu'il a faite de commenter sa traduction, à l'exemple de ses vers dorés de Pythagore. On peut bâtir sur les fondemens qu'il a posés; mais, pour attirer à l'ouvrage ceux qui sont capables de le seconder, il devrait faire sortir de terre une partie de ce majestueux édifice.

puissant secours dans la médecine et l'usage du sympathisme, qu'ils circonscriraient dans les bornes de la prudence et de la piété. En les supposant tels qu'ils doivent être, c'est-à-dire, humains, charitables, quel plus précieux trésor que celui-là la Providence pourrait-elle leur confier, pour faire triompher la vérité, en se livrant aux plus douces affections de leur cœur? Relégués dans les campagnes, où l'esprit inculte des habitans ne permet pas des instructions savantes, quels avantages retirent-ils de leur savoir théologique? Les dogmes profonds de la religion seront toujours des mystères pour les hommes de peine; ils ne les comprennent pas, ils les admettent par sentiment. Le moyen de les leur rendre chers et directeurs, c'est de leur montrer les vertus qu'ils exigent de celui qui les conçoit vivantes et actives dans ceux qui les annoncent. Auprès des malheureux, il n'y a pas de vertus plus senties que celle de la bienfaisance. Les pasteurs, trop pauvres pour répandre des secours qui diminueraient les privations, possèdent en vain d'autres vertus; ils sentent souvent que leurs soins spirituels sont stériles, et ils gémissent d'une pénurie qui les empêche de convaincre l'esprit, faute de pouvoir gagner le cœur. Combien doivent-ils s'affliger, quand leur propre détresse les oblige à recourir pour eux-mêmes à l'assistance des fidèles? Voilà peut-être le plus grand de tous les maux. Ils peuvent faire disparaître tous ces inconvéniens, en joignant à la médecine, qui est payable, le sympathisme, qui la diviniserait pour ainsi dire. Sans changer de fortune, ils seraient bienfaisans; ils présenteraient des titres incontestables à l'amour, à la reconnaissance, à la vénération de leur troupeau, et profiteraient de ces avantages dus à leurs labeurs, et surtout à leurs vertus, pour donner un ascendant victorieux à leurs instructions, pour propager les mœurs et les récompenser, pour prévenir le vice, ou lui faire craindre leur présence; ils enchaîneraient les cœurs et les esprits par les liens les plus forts et les plus respectés. Le magnétisme sympathique leur ferait opérer des cures merveilleuses, où le secours du Ciel aurait souvent part, et qui rendraient sensibles à la raison certains miracles du Fondateur du christianisme et de ses premiers disciples.

Je pourrais rendre ce sujet intéressant par les plus douces peintures; mais je laisse ce soin à ceux qu'elles intéresseraient: il me suffit d'avoir fait comprendre que le sympathisme appartient aux prêtres. S'ils veulent reprendre leur bien, ils ont assez de sagesse pour trouver les moyens les plus convenables pour le cultiver et le rendre fructueux. Ils ont des séminaires, du temps, et leur devoir leur prescrit de ne rien négliger de ce qui peut faire chérir les principes sacrés et la vertu qu'ils soutiennent. Dans leurs mains, le sympathisme deviendra un moyen de sanctification ou de ruine. La Providence ne le laissa jamais profaner en vain.

Quant aux magnétiseurs, je les invite à réfléchir sur mon troisième et quatrième chapitre, et ils sentiront que leurs efforts pour propager cette découverte naissante, produiraient des effets bien contraires à ceux que leur promettent les sentimens qui animent leur zèle. Les dangers, que je n'ai dû que faire entrevoir, sont bien plus redoutables que ceux que j'ai signalés ouvertement au public, dans l'intérêt des particuliers. Le sympathisme, abandonné à des mains impures, dérangerait l'harmonie de l'univers; et pour quelques guérisons individuelles, les destins de l'homme se verraient compromis. Cette assertion pourra faire sourire les hommes vulgaires; ils en plaisanteront avec une délectable présomption. Mais les sarcasmes, non plus que les persécutions, ne changent rien à la nature des choses. D'ailleurs, ce n'est pas à eux que je m'adresse. Ce qu'ils feront de mieux, c'est de continuer d'être incrédules au magnétisme, et de se prévaloir des aveux que j'ai faits pour détourner leurs connaissances, de se soumettre à son usage, à moins que ceux qui offrent de l'administrer, ne présentent les titres que j'ai désignés. Alors tout ira bien; car les hommes d'un caractère si vénérable n'aviliront pas le magnétisme, pour le rendre l'objet d'expériences frivoles, ou pour guérir des maux mérités : ils emploieront mieux leur temps.

C'est aux magnétiseurs éclairés, ou qui peuvent s'instruire, que je m'adresse. Je voudrais qu'ils se considérassent comme revêtus d'une espèce de sacerdoce, et qu'ils se sentissent obligés de renfermer leurs procédés et leurs lumières, ou de ne les transmettre qu'oralement, et à ceux qui leur paraîtront dignes de les posséder pour le bien. Ce qui est déjà divulgué est plus que suffisant pour convaincre les hommes de bonne foi, et pour les encourager à la recherche de ce qui est et doit rester dans le sanctuaire. Il recèle encore de grandes choses, je le leur assure. Une étude silencieuse, des communications amicales sont des routes qui peuvent y faire pénétrer, car la nature est ouverte à tous; mais elles sont longues. Il faudrait, pour en abréger la longueur, établir un foyer commun, une société dont les membres voulussent s'astreindre à des règles qui dirigeraient leurs démarches, et seconderaient leurs efforts. Il n'y a rien de plus puissant au monde que la réunion des gens de bien pour atteindre à un but salutaire. Les gouvernemens sages et bienfaisans se font un devoir de protéger de semblables réunions, parce qu'ils savent qu'elles sont propres à les faire chérir, et à augmenter la somme des biens de la société. Nous avons le bonheur de vivre sous le gouvernement le plus doux, le plus enclin à encourager les projets utiles; ne négligerions-nous pas de profiter des faveurs de la Providence, ne nous en rendrions-nous pas indignes, si nous ne les employions pas à la gloire et au bonheur des hommes? La réponse n'est pas douteuse; et c'est pour obéir à la voix de ma conscience que j'ai entrepris cet ouvrage. La Providence, qui lit dans les cœurs, et qui fait fructifier ce qui est dans ses vues, y donnera l'issue qu'il lui plaira. Le succès n'est pas en notre pouvoir, mais l'intention.

FIN.

ERRATA.

Page 17, ligne 3, *modifié, virgule*, lisez : *modifié, point-virgule.*

Page 44, ligne 1, *d'attendre*, lisez : *d'atteindre.*

Page 47, ligne 7, *bjoets*, lisez : *objets.*

Idem, ligne dernière, *qu'il*, lisez : *qui.*

Page 111, ligne 27, *la réaction de ceux*, lisez : *la réaction de ceux-ci.*

www.ingramcontent.com/pod-product-compliance
Ingram Content Group UK Ltd.
Pitfield, Milton Keynes, MK11 3LW, UK
UKHW020338230726
025UKWH00003B/850